高等院校建筑学与设计艺术专业美术教学用书

建筑方案设计的表现

李延龄　刘骜　李李　编著

U0288197

中国建筑工业出版社

图书在版编目（CIP）数据

建筑方案设计的表现/李延龄等编著. —北京：中国建筑工业出版社，2012.8
（高等院校建筑学与设计艺术专业美术教学用书）
ISBN 978-7-112-14603-1

Ⅰ.①建… Ⅱ.①李… Ⅲ.①建筑方案－建筑设计 Ⅳ.①TU201

中国版本图书馆CIP数据核字（2012）第189421号

责任编辑：朱象清　杨　虹
责任设计：陈　旭
责任校对：党　蕾　陈晶晶

高等院校建筑学与设计艺术专业美术教学用书
建筑方案设计的表现
李延龄　刘骘　李李　编著
*
中国建筑工业出版社出版、发行（北京西郊百万庄）
各地新华书店、建筑书店经销
北京嘉泰利德公司制版
北京中科印刷有限公司印刷
*
开本：787×1092毫米　1/16　印张：7　字数：170千字
2012年8月第一版　2012年8月第一次印刷
定价：28.00元
ISBN 978-7-112-14603-1
（22624）

前　言

目前，设计人才的竞争非常激烈，通过考试择优录取，有关建筑手绘的考试也愈来愈多，例如：各高校的考研快题考试，各大设计院的就业快题考试，以及注册建筑师执业资格作图题的考试等等，都采用建筑手绘的形式进行考试，可谓越考越难。从中也不难看出，建筑手绘已成为衡量一名建筑师或未来设计师业务水平高低的重要标准。

建筑师们手执一支笔、一张纸就可以快速捕捉建筑形象，收集第一手资料，多则半小时，少则一二十分钟随时随地信手拈来。建筑方案阶段的草图设计，以最快捷方式表达了设计构思与立意思想，把自己头脑中的设计形象转化为二维或三维图形展示给他人。《建筑方案设计的表现》以“概述”、“方案设计的草图表现”、“方案设计终结的图面表现”和“建筑师的草图”为章节，详细介绍了表现图在调研、推敲和展示等方面的功能与要求，着重讲述了建筑方案设计在表现过程中“平、立、剖面图的绘制”、“画好建筑透视图应注意的若干问题”、“建筑方案图图面的组合与布置”和“建筑常用字体的设计与编排”等，以全新的面貌介绍给广大读者。

这部分内容将结合不同年级的需求而分册编写为以下两书：

（1）《钢笔徒手画表现技法》；

（2）《建筑方案设计的表现》。

它是“建筑初步”、“建筑设计基础”和“建筑设计”课程的配套读物，忠实地为初学者服务。

本书在编写的过程中，我们曾得到很多建筑大师和同行的支持与帮助，在此深表谢意，同时对书中的不足也请各位读者批评指正。

目　录

1 概 述

建筑方案设计的表现，被越来越多的人所重视，就电脑时代的今天，建筑方案设计的表现，同样被人们重点关注。因为，方案设计的表现是最能给人直接的感觉和逼真的效果。尤其在招标投标项目的方案设计中，其方案的图面表现各家设计院都会花较大的精力，极力渲染自家方案，真可谓“王婆卖瓜，自卖自夸”。由此可见，建筑方案设计表现的重要性。

手绘建筑方案的表现，在各大高校建筑学课程设计的题目中，同样得到了充分的重视。每个同学虽然各自都有良好的设计理念和创意思想，但最后还得用图面将其表现出来。这些表现是否能达到建筑形象逼真，图面内容表达是否良好？能否真正表现出代表自己设计水平的图纸等等。说实话，有不少同学的成绩就是输在建筑表现这方面上的，因为，这些同学所画的图表达不了他真正的设计思想，表达得不够全面，得不到导师的认可，同样，老师也了解不到他的真实想法。可见，良好的表达对一个在校学生来说是多么重要。

《建筑方案设计的表现》它所涉及的阶段有，建筑方案前期草图设计各阶段的表达，以及方案设计终结阶段的汇报性表达。阶段虽然只有两个，但它所涉及的内容还是比较多的，由于本书篇幅有限，在这里我们只能选一些较常见的问题进行讲述和点评，希望对初学者有一定的帮助。同时，也殷切希望每一个建筑学同学尽可能地抓紧手绘能力的训练，争取在最短的时间内，以最快捷的方式来表达自己所设计的内容，以最逼真的效果将它展示给他人。

2　方案设计的草图表现

建筑方案设计的表现，一般来说可分为二个阶段，其一为方案设计的草图表现，其二为方案设计终结的图面表现。不同阶段有不同的表现，其表现的功能与目的也会有所不同。

在方案设计草图阶段中，其表现功能主要可以分为：调研性表现：推敲性表现和展示性表现，其目的也是不同。

A. 方案设计前期的调研性表现

根据建筑物的性质与特点，其调研性表现也会有所不同，通常会有以下二种调研性表现：

1）对不同的实例性建筑进行考察调研，例如造型特点、外墙材料、构造做法以及细部尺寸与做法。

2）相应的图片性资料收集的勾画表现。

B. 方案设计过程中的推敲性表现

理想的建筑方案设计，它是需要进过反复地推敲和不断地比较，首先是构思阶段的推敲性表现，这对建筑形象效果的研究和评价起着重要的作用。随着，构思的逐渐成熟，这些徒手勾画的方案草图包括了建筑平、立、剖、透视以及细部构造做法等等，进行一系列的推敲与比较。

C. 方案设计过程中或设计后期的展示性表现

随着设计进程的深入和不同阶段的终结，就需要有一个形象逼真的阶段性效果图进行展示与汇报，这对在校学生来说是必不可少的。

2—1 调研性表现

调研性表现可分为：实例性建筑调研和图片性资料调研两种。

一个良好的建筑设计，它是离不开一个周全的前期调研，掌握第一手原始资料的搜集。虽然，在高科技时代的今天，有了数码相机和摄像机等，但还是有不少调研的资料是无法拍摄的。

某住宅小区入口门亭

例如：建筑细部尺寸与材料做法；局部构造层次做法以及某一建筑的平面布局、流线安排等等，这些都离不开现场的调研性表现，相机是无法拍摄的。

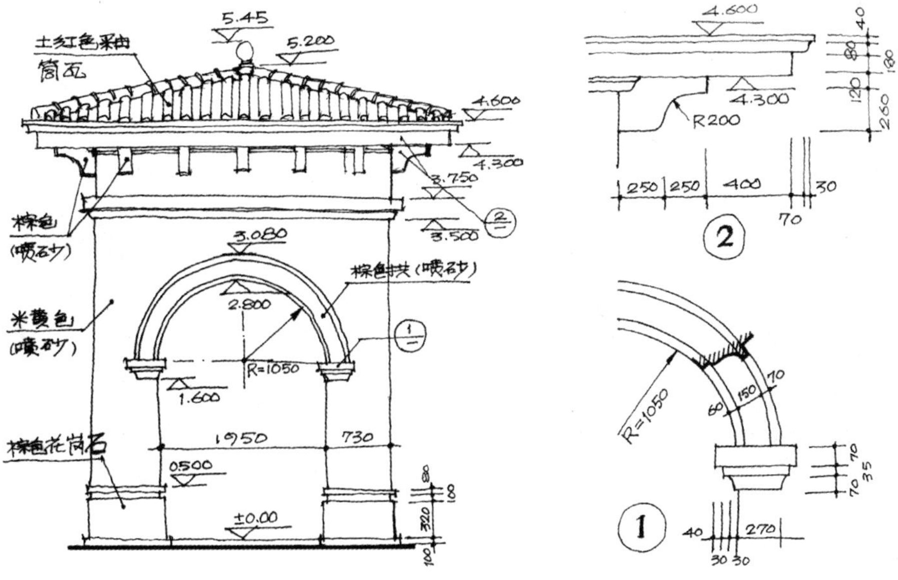

某住宅小区入口门亭现场调研图

实例性建筑调研表现（1）

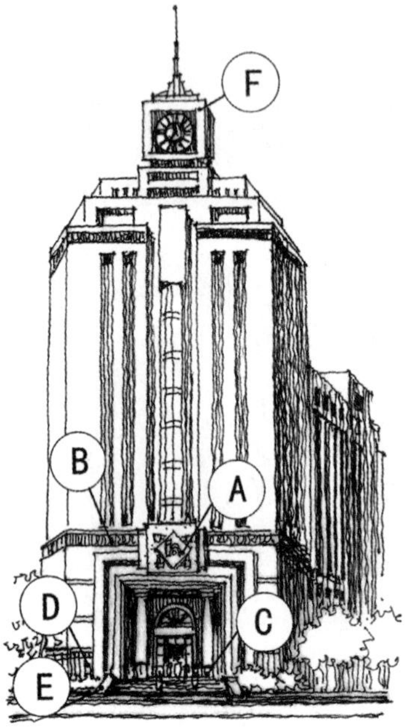

B 人民币图样纹饰

E 主入口台阶样式

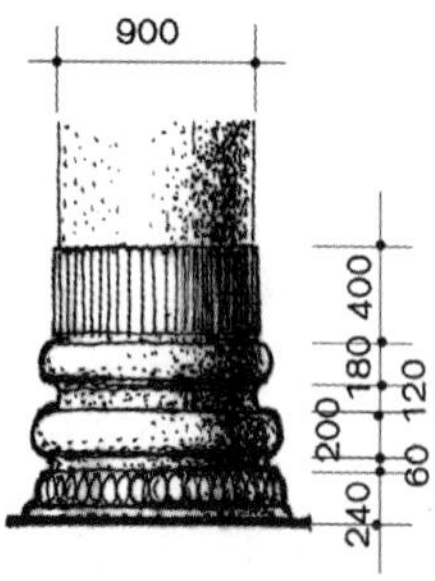

C 柱础

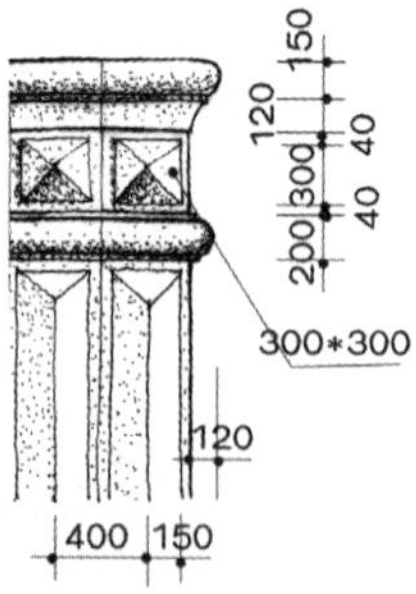

D 墙裙

A 交行行徽

F 钟楼

交通银行浙江省分行大楼外立面装修调研图

实例性建筑调研表现（2）

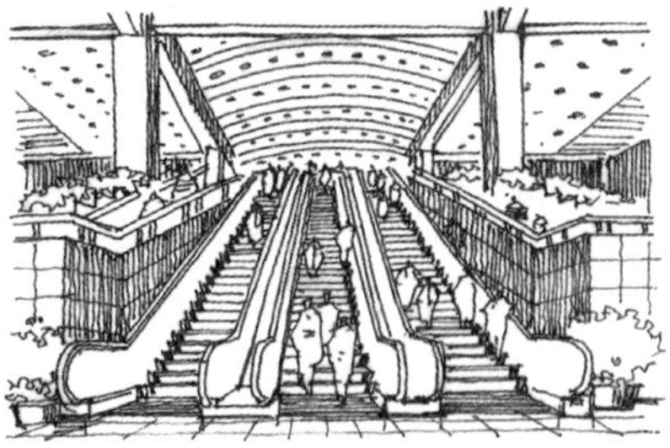

A 大楼梯进站

杭州城站火车站

B 二楼综合大厅

D 各候车室

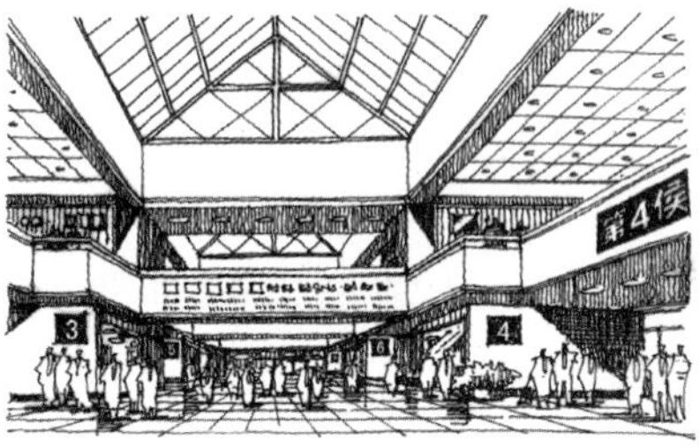

C 进候车室连廊

E 进入各月台

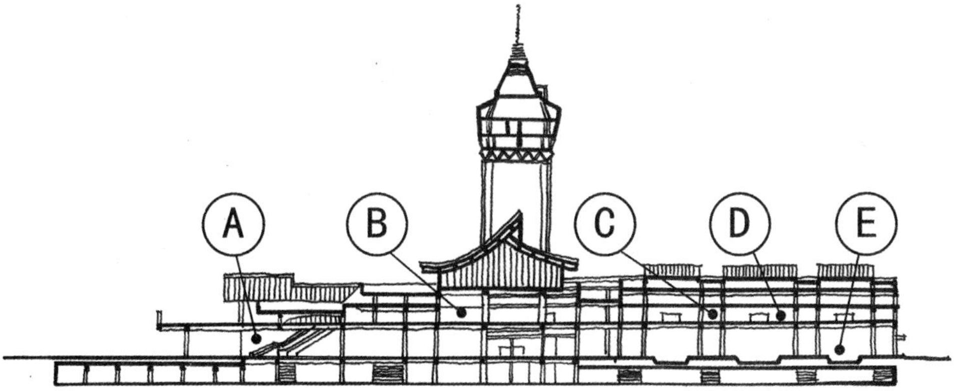

杭州城站火车站入站流线调研图

图片性资料的勾画表现（1）

美国密尔沃基市美术馆 1

图片资料的收集也是方案设计前期较重要的内容，图片资料的收集形式会有多种，如：复印、扫描以及拍照等等。

而这里要讲的却是，用钢笔线条对所需的图片资料进行勾画的资料收集。只有通过自己亲手的勾画，并加一定的注解和说明，这样才能加深对建筑物的了解。这一方法对在校的建筑专业学生来说是很有必要的，它既训练了建筑徒手画，同时，又收集了建筑资料，更重要的还是加深了对建筑物的了解和印象。

这些资料的收集，可以说是永久地印刻在你自己的脑海里，从印象效果来说，复印、扫描和照片拍摄是无法比拟的，因为这些图都是通过了你自己一笔一笔地勾画的，包括细部形象与构造做法。

只要你能坚持每周勾画 1 至 2 张的建筑图片资料，日积月累你就能得到一本印象深刻的建筑设计资料，为日后的建筑设计作出良好的前期调研。

图片性资料的勾画表现（2）

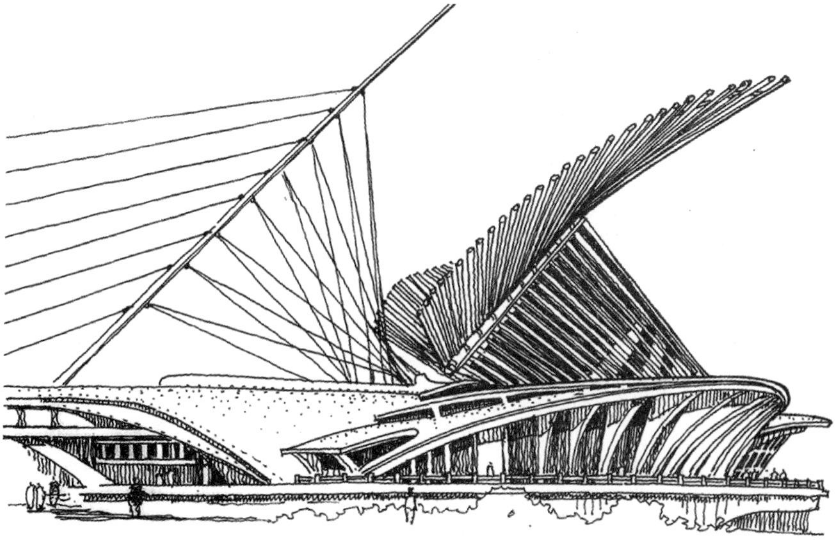

美国密尔沃基市美术馆 2

该建筑为美国密尔沃基市美术馆，由西班牙著名建筑师圣地亚哥·卡拉特拉瓦设计。首先，将建筑物与林肯大道的斜拉大桥进行了有机结合，把人们的视线直接引向主体建筑。

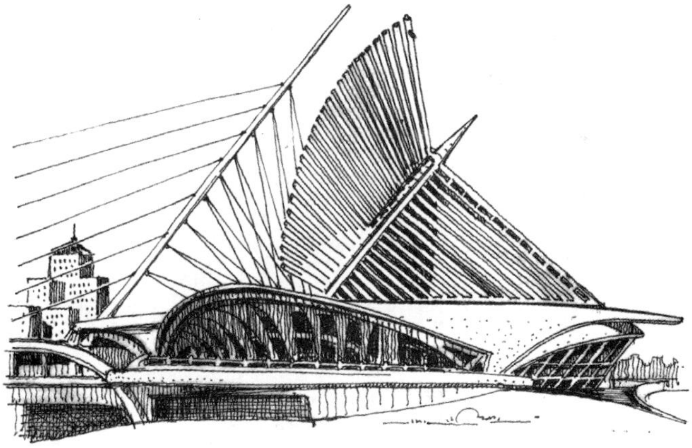

美国密尔沃基市美术馆 3

主体建筑的造型设计充分发挥了钢筋混凝土材料的特性和先进技术，有机地将巨大的双翼般会转动的遮阳百叶设置于建筑物顶部，跟随阳光有效地遮挡了太阳光的直射，既保证了展品的最佳展出效果，又较好地显示出建筑物的灵动感，被誉为世上“最有生命的展馆”。

图片性资料的勾画表现（3）

北京铁路西客站，站房及综合楼总建筑面积180万平方米。造型充分体现了我国传统建筑风貌大屋顶的风貌，其总长度为740米，分若干段组合而成。

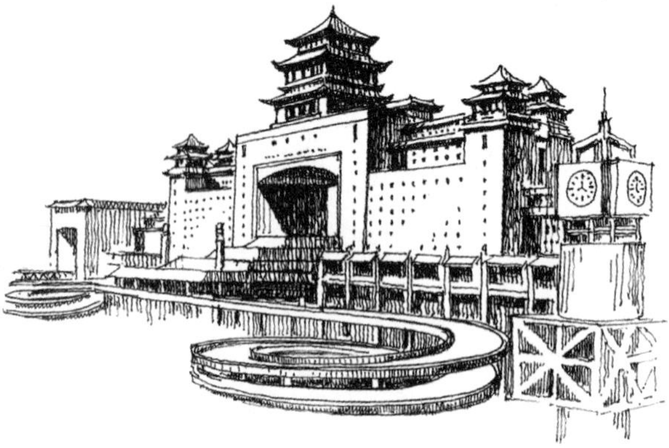

北京火车西客站1

中间段开口跨度达45米，是一个巨大的门式建筑，彰显出中国第一大门之感。

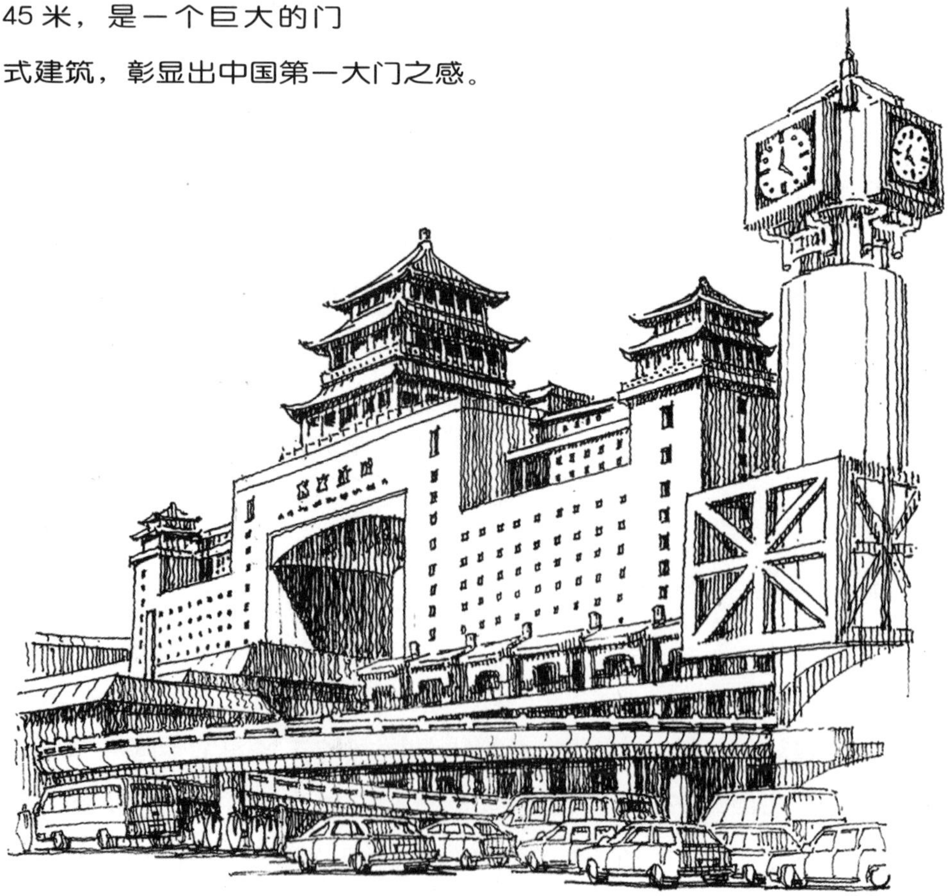

北京火车西客站2

图片性资料的勾画表现（4）

印度巴哈依教礼拜堂，其造型如同一朵浮在水面、由荷叶衬托、含苞欲放的荷花，象征着宗教的超俗出凡，走向清净的大同境界。

印度巴哈依教礼拜堂

中国彩灯博物馆总建筑面积为6400平方米。建筑以“灯是展品，馆也是展品”的设计构思，建筑整体造型以我国悬挑宫灯为基本元素，在展馆的不同部位以圆形、棱形的灯窗进行有机组合，创造出象征灯群的外貌，主体鲜明，给人一目了然的感觉。

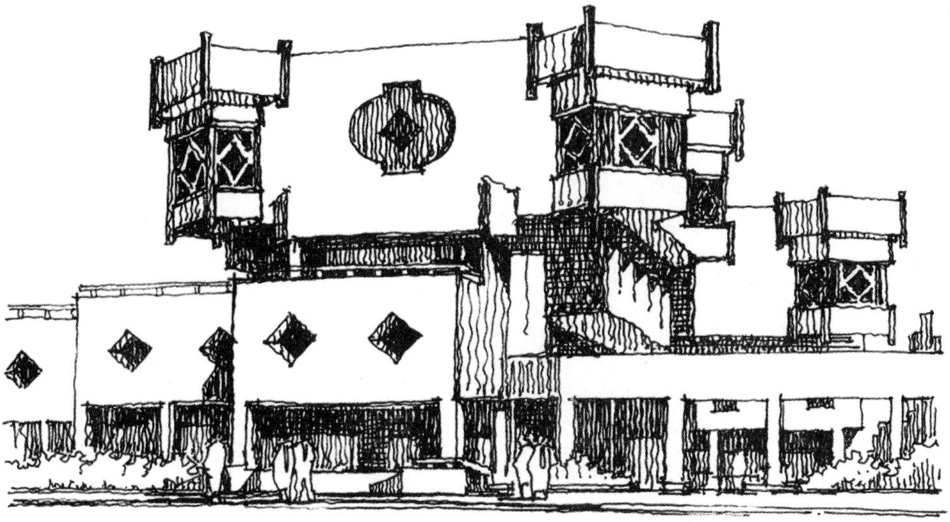

四川中国彩灯博物馆

图片性资料的勾画表现（5）

青岛海滨浴场，建筑物虽小，但为了增加建筑物的层次感和个性，设计者运用了不同的几何体作为建筑体型组合的基本要素，从而，获得了有机的统一与变化，给人轻松愉悦的感受。

青岛海滨浴场更衣室

日本某火车站，车站不大，但其建筑造型较为特别，使人过目不忘，给人简洁大方、明快醒目的感觉。这其中关键是，设计师巧妙地在常规屋顶上有机地穿插了不同的圆锥体、竖向三棱体和长方体等，使其产生了不同的屋面交线和趣味，从而，获得了良好的感觉。

日本某火车站

图片性资料的勾画表现（6）

体育馆建筑巨大的比赛大厅以及特殊的大跨度空间结构，交织在一起，构成了不同的较舒展而阔达的外观形式。但从内部观看要求分析，椭圆形是最合理的。

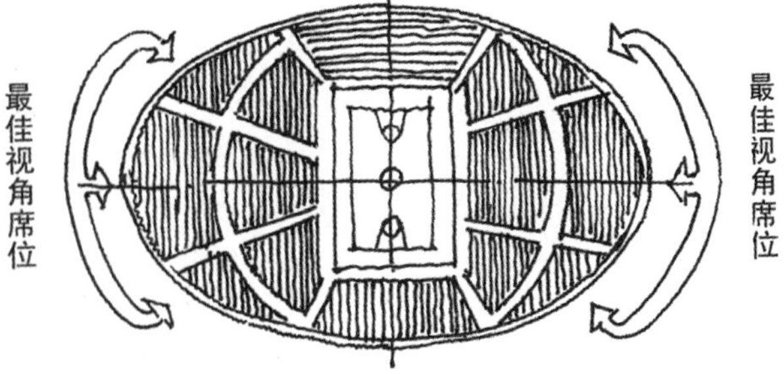

体育馆最佳视角席位

在满足功能的前提下，体育建筑都利用结构的特殊性，使其造型更加饱满，富有张力，充分表达一种竞技场上的“力量感”。

浙江某体育馆方案

最具“量感”造型的山东体育馆

图片性资料的勾画表现（7）

“鸟巢”国家体育场

“鸟巢”国家体育场，总建筑面积 25.8 万平方米，可容 10 万观众。其建筑外形主要由巨大门式钢架组成，观众席顶部采用可填充的气垫膜，有效解决了阳光照射与防雨之问题。该建筑成为了集建筑形象、建筑结构、建筑材料和建筑施工有机结合之佳作。

国家大剧院

国家大剧院，总建筑面积 16.5 万平方米，呈半椭圆形球状，东西向长轴为 212.20 米，南北向短轴为 143.064 米，其建筑高度为 46.285 米。体形简洁大方，外部为钢结构壳体，在前后两侧为渐开式三角形玻璃幕墙。整个形体置于人造水面之上，仿佛一颗奇异多彩的“湖中明珠”。

图片性资料的勾画表现（8）

日本某海滨建筑，外形为三棱锥体。

三棱锥体原本就是一种明确、稳定的几何体，所以设计师充分利用这一特性，在三棱锥体表设置了景观坡道，既保证了建筑物的使用功能，同时，也给建筑外形带来强烈的虚实变化和高度的统一。

日本某海滨小建筑

日本九州大学礼堂，形体简洁大方，为了避免因对称而带来的呆板和缺乏活力，设计者在基本对称的格局上打破传统的设计手法，将室外大楼梯移置一侧，从而获得了不对称的均衡，求得了良好的统一与稳定。

日本九州大学礼堂

图片性资料的勾画表现（9）

2010年上海世博会中的世博轴是世博园区中最大的单体工程。由6个巨大的圆锥阳光谷组成，每个谷高40米，上口最大直径为90米。整个建筑像一朵朵玻璃喇叭花，从地下悄然绽放，晶莹剔透，视觉美感非常强烈。

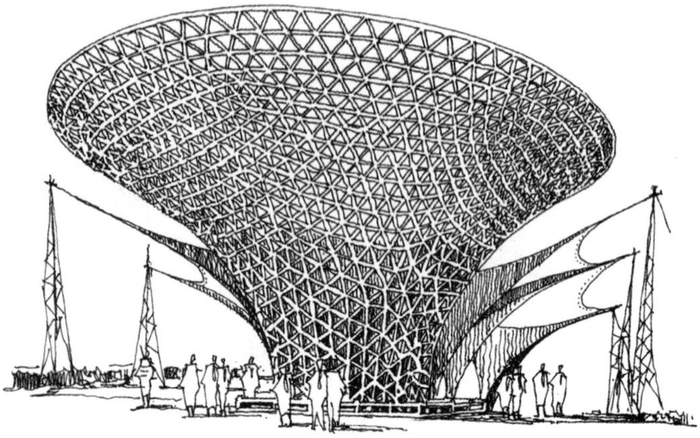
世博轴“阳光谷”建筑

上海世博会的中国馆，由国家馆和地方馆两部分组成。国家馆为上部倒椎体部分，地方馆为下方矩形的裙房部分。国家馆造型雄浑有力，犹如华冠高耸、天下粮仓。其形体又如中国古建筑中的“斗栱”，给人敦实与稳定之感。

2010世博中国馆

图片性资料的勾画表现（10）

中石化某加油站

该建筑采用了张拉膜结构的形式，它可以从根本上克服了传统结构在大跨度（无支撑）建筑上所遇到的困难，不仅可以创造巨大的无遮挡的可视空间，又可形成多种自由轻巧、极具个性的外观。

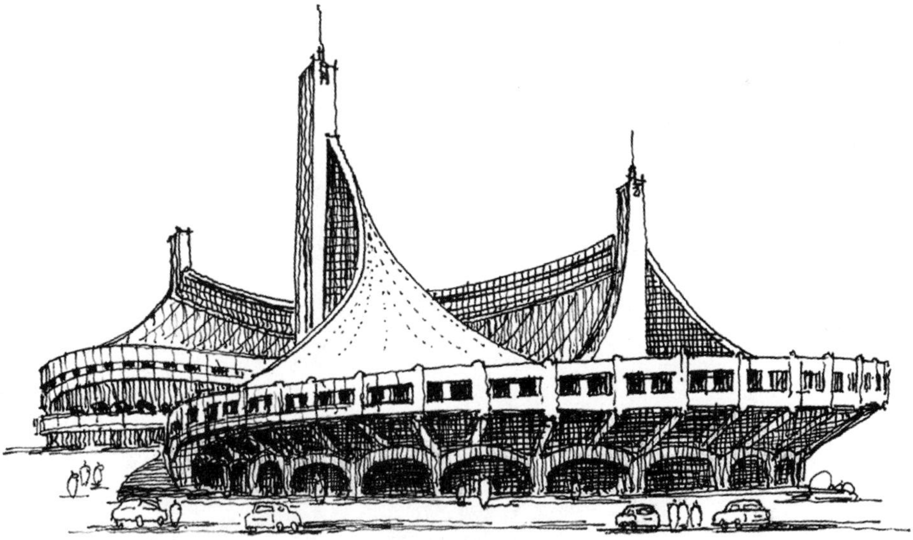

日本代代木体育馆

该建筑 1964 为举办第 18 届世界奥运会而建造，屋顶采用悬索结构，索网表面覆盖着焊接的钢板。建筑师丹下健三创造性地把结构形式与建筑功能有机结合，取得良好的艺术效果。

图片性资料的勾画表现（11）

该建筑位于风景优美的山林中，地形复杂，沟谷地段溪水跌落。美国著名建筑大师赖特巧妙地将有虚有实、纵横对比的建筑与山石、林木、流水紧密交融，并充分利用建筑材料与技术的性能，以一种独特的方式实现了建筑与环境的高度结合。

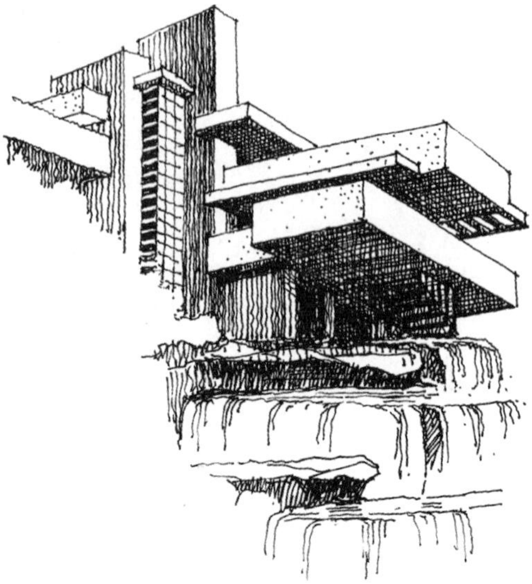

流水别墅

活动中心位于福建闽江之滨，背山面水，建筑物布局顺从江岸的地形，建筑共分三层，片片纵横交错的墙面和船型的阳台，仿拟江边船帆，达到了山、水与建筑协调相依的效果。

福建南平老人活动中心

图片性资料的勾画表现（12）

西班牙著名建筑师卡拉特拉瓦，在其家乡瓦伦西亚市设计了占地面积87英亩的“艺术与科学城”，整组建筑由三部分建筑组成的，索菲亚王后大剧院就是其中之一。建造于1996～2001年，造型奇特，内部共分4个演区，同时可供4000观众。

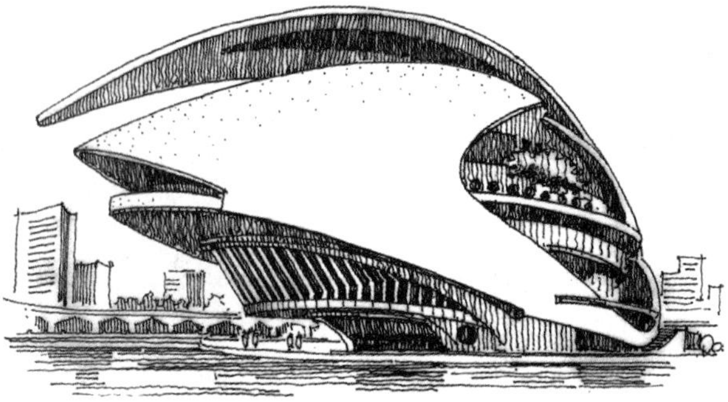
索菲亚王后大剧院

瓦伦西亚天文馆也属于“艺术与科学城”三大建筑之一，天文馆以知识之眼为设计理念，眼睛是人类观察世界、了解浩宇的灵魂之窗。圆球形的瞳孔为全天域（全景）电影院，被象征眼帘的透明拱形罩覆盖，这透明的眼帘会随着气温的变化一张一合地开启与闭合，自动调节室内的气温，同时，也启迪着人们打开智慧的双眼，去探索人类的奥秘。

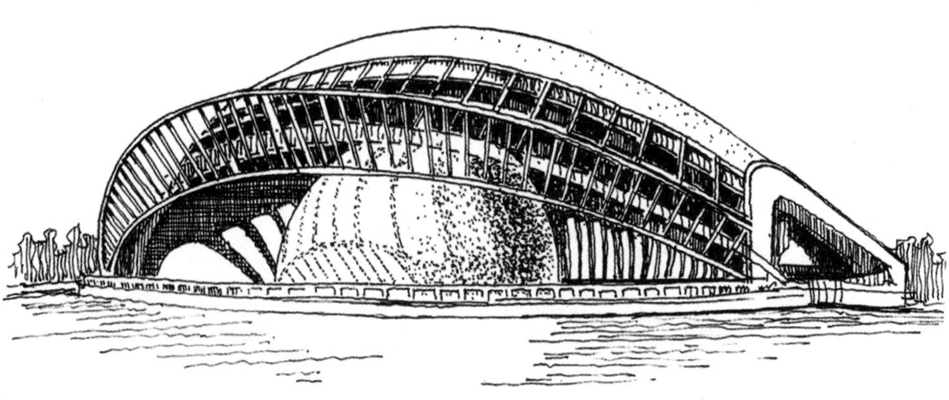
瓦伦西亚天文馆

2—2 推敲性表现

虽然，建筑设计早已进入了计算机辅助设计的年代，但是，建筑方案设计的反复推敲与比较的工作性质，还是离不开一个徒手勾画的推敲性表现阶段。

宁波　慈溪画院实景

建筑设计是一个复杂的创作过程，快速捕捉设计形象，心、手、脑三者并用，以最简洁的线条、最快捷的速度，来表达设计的构思与立意思想。从而，进行不断的推敲和比较。这一阶段的表现，可谓建筑方案设计过程中最关键的一个环节。

一草阶段透视图

阶段性终结透视草图

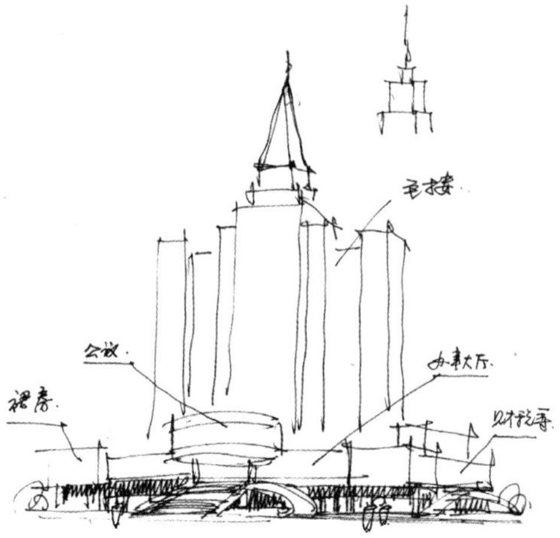

上：最初的构思草图

下：二草透视图

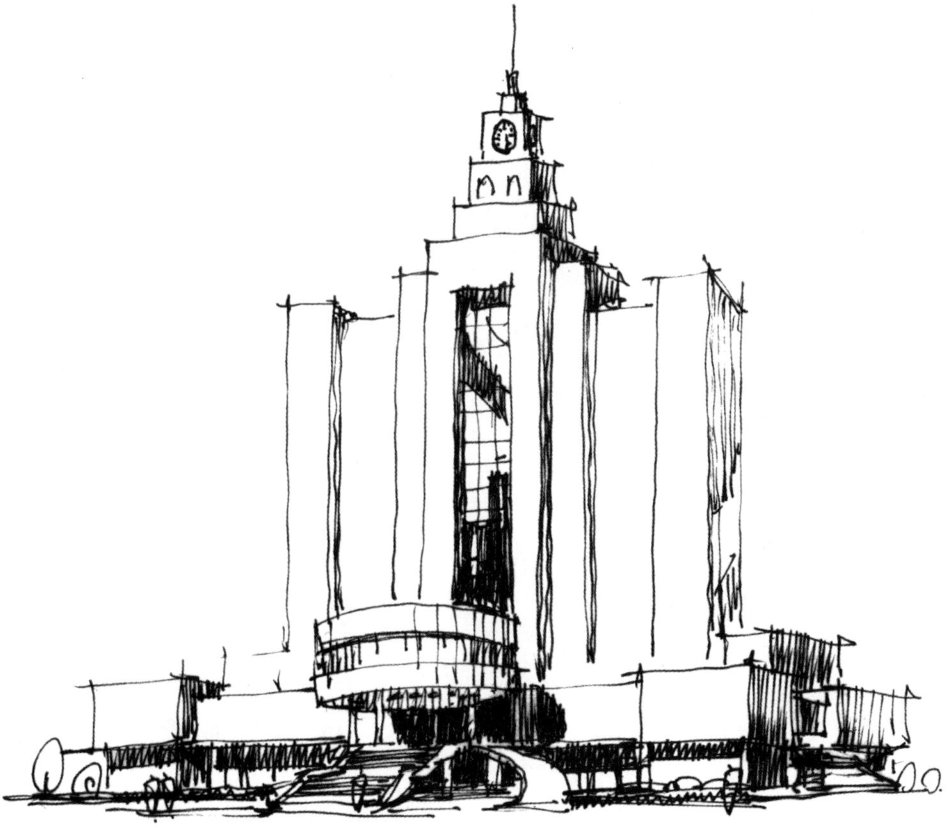

李延龄　宁波市坎墩镇镇政府办公楼设计草图 1

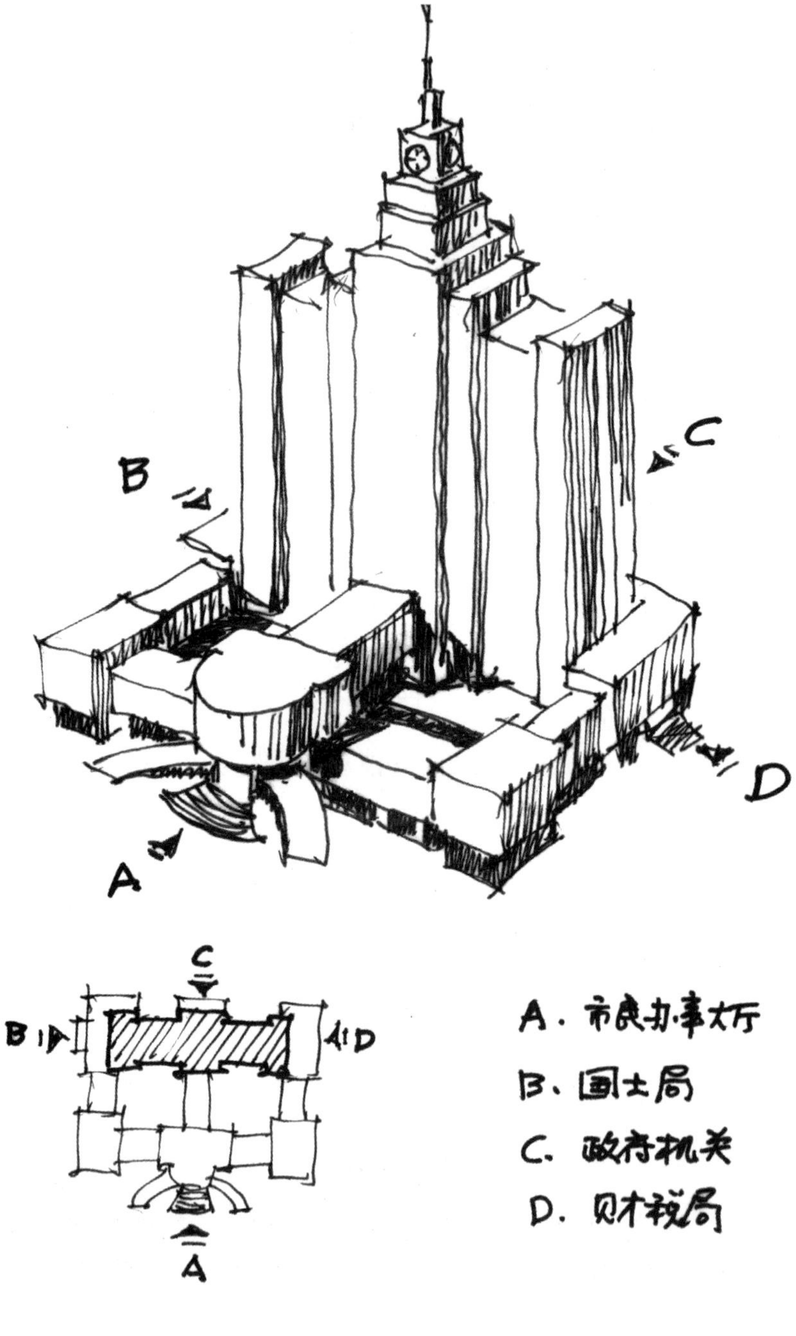

李延龄　宁波市坎墩镇镇政府办公楼设计草图 2

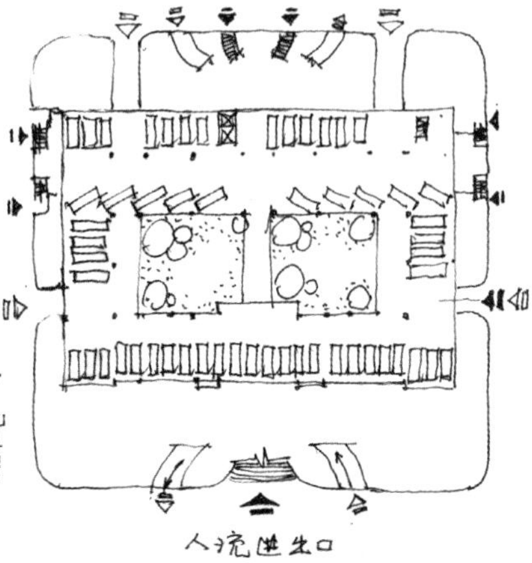

架空层平面图

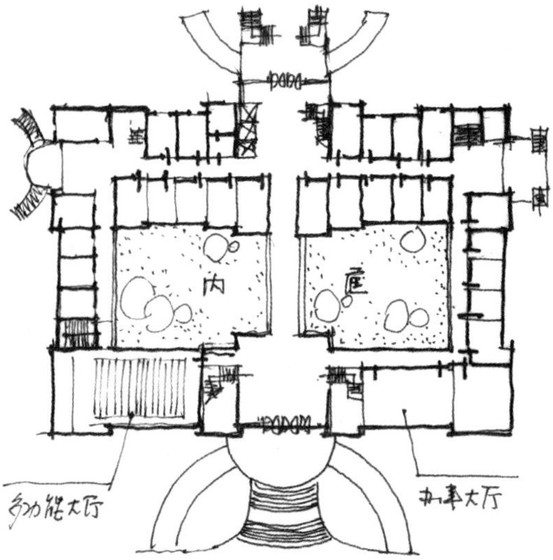

一层平面图

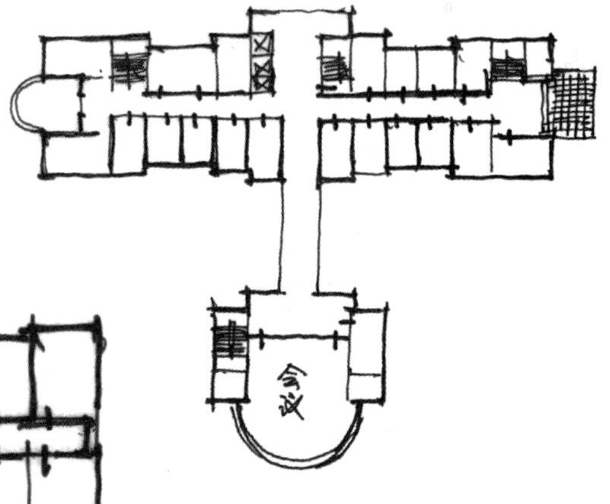

二层平面

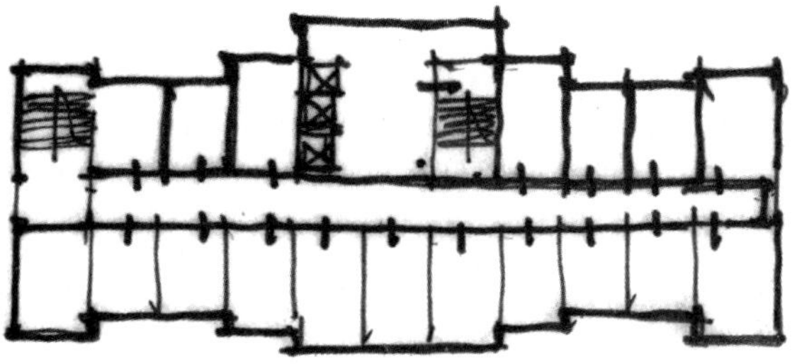

标准层平面

李延龄　宁波市坎墩镇镇政府办公楼设计草图 3

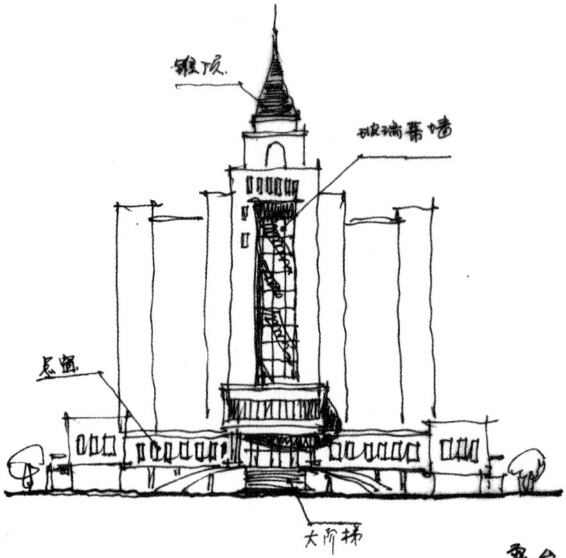

左上：方案 1 立面草图

右中：方案 2 立面草图

左下：方案 1 侧立面草图

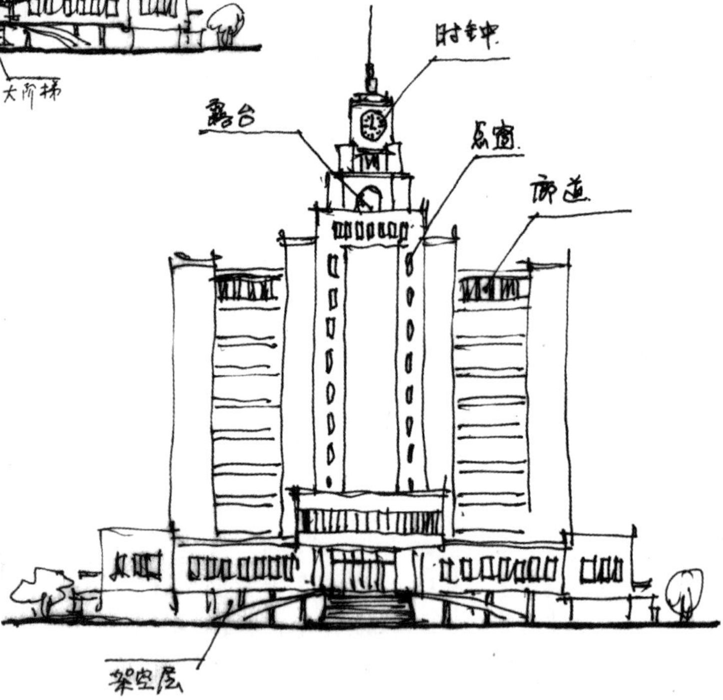

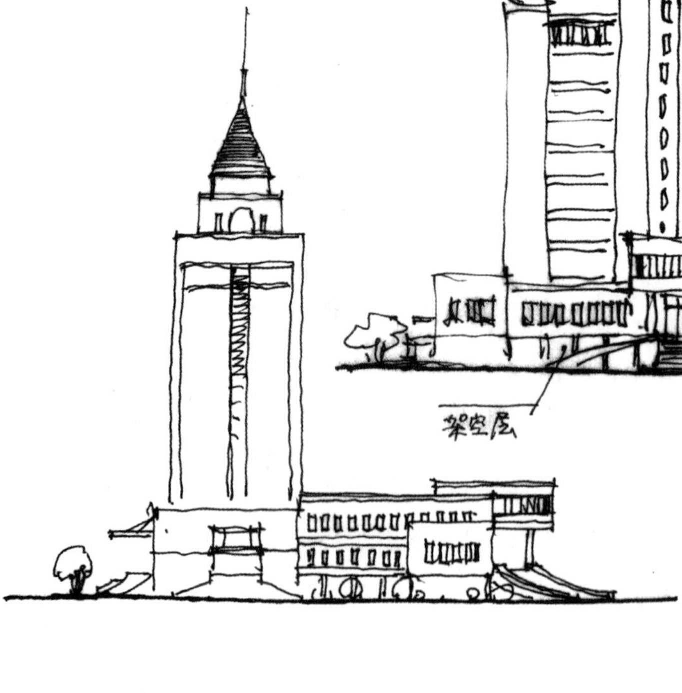

李延龄　宁波市坎墩镇镇政府办公楼设计草图 4

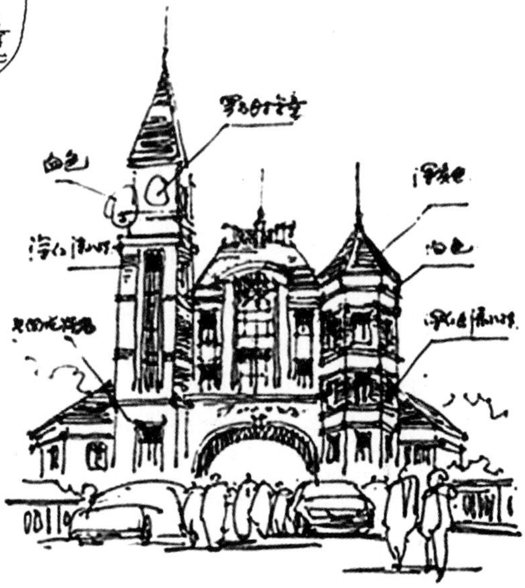

左上：最初的构思草图

右上：透视草图

左下：娱乐区立面草图

李延龄　浙江衢州九华山庄娱乐区设计草图 1

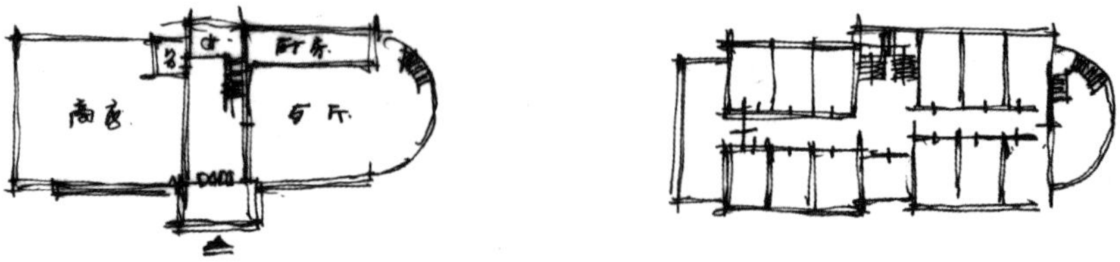

上图：平面草图

中图：立面一草

下图：立面二草

李延龄　浙江衢州九华山庄娱乐区小公建设计草图 2

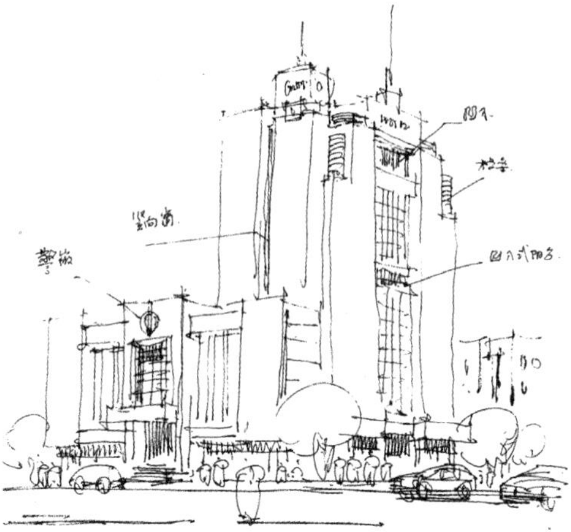

左上：最初的构思草图

右下：二草透视图

李延龄　杭州萧山公安综合办公楼设计草图 1

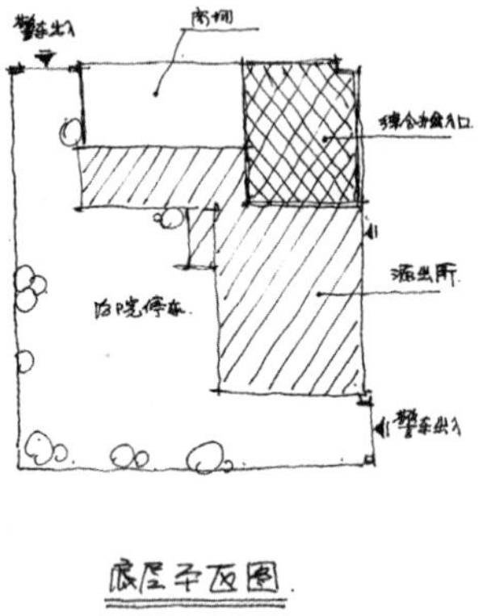

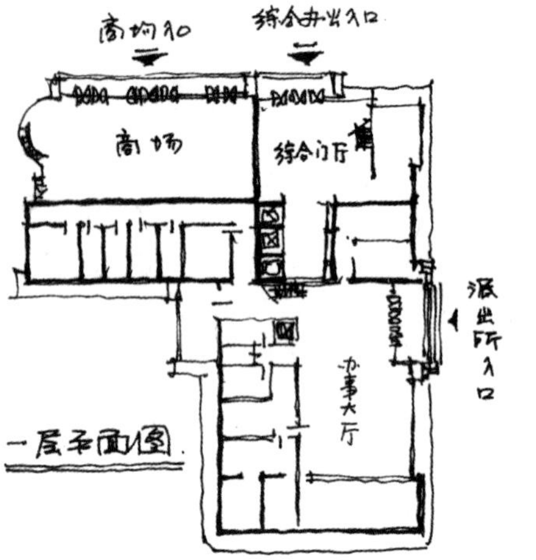

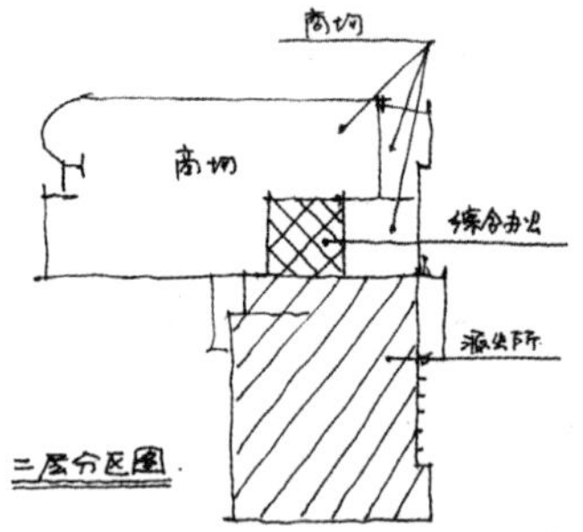

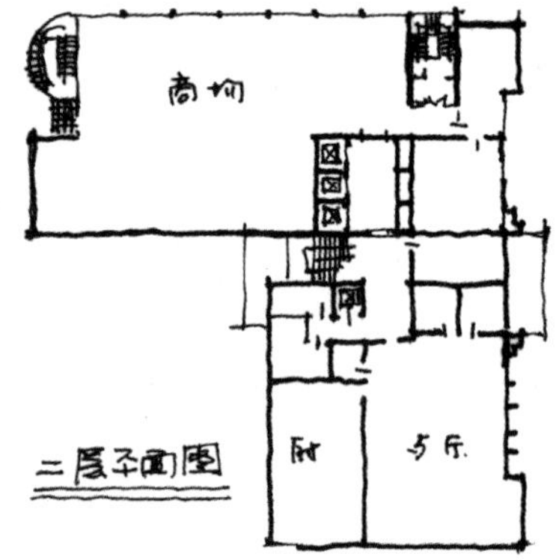

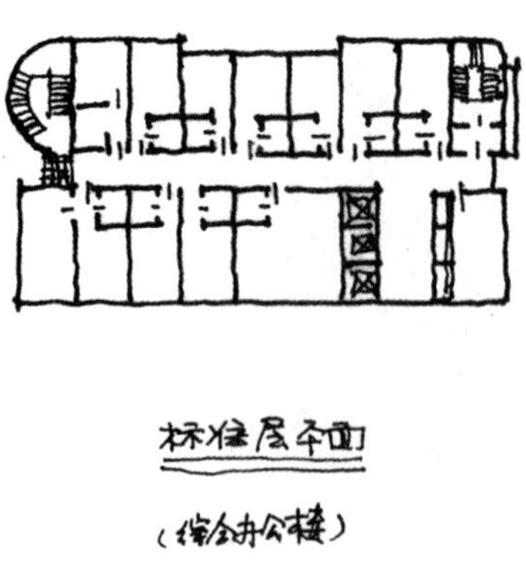

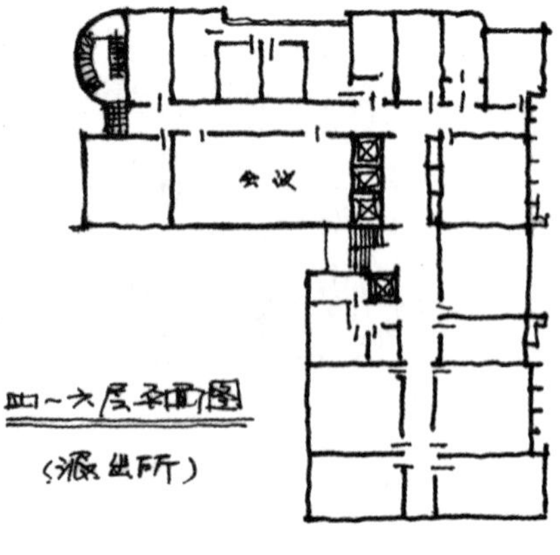

李延龄　杭州萧山公安综合办公楼设计草图 2

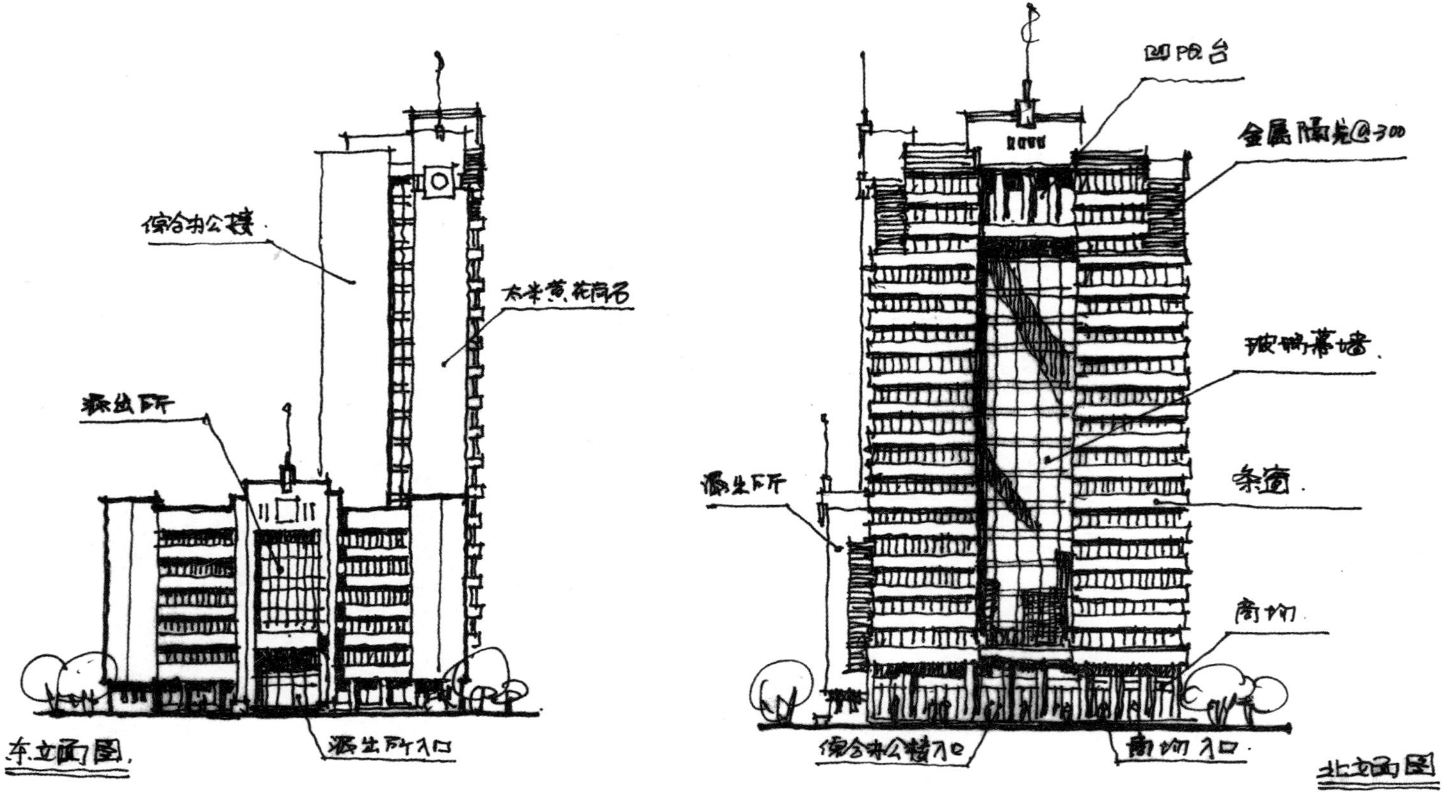

李延龄　杭州萧山公安综合办公楼设计草图 3

2—3　展示性表现

展示性表现是为了阶段性设计成果的讨论与汇报而用，在绘制建筑透视图的同时，还需要绘制一定的配景，以较好地展示建筑的表现效果。

为了妥善处理好建筑与配景的关系，通常需注意以下几点：

A. 尊重地形、地貌，反映真实的环境和气氛，做到建筑与环境协调和逼真。

B. 配景与建筑物的功能相一致，如：宁静与亲切气氛的住宅建筑；环境如画的园林建筑；车水马龙的商场沿街建筑，不同的建筑物都会有不同的配景。

C. 充分利用绿化配景来衬托其建筑的外轮廓和环境气氛，突出建筑主体。千万不要过分强调配景，从而喧宾夺主。

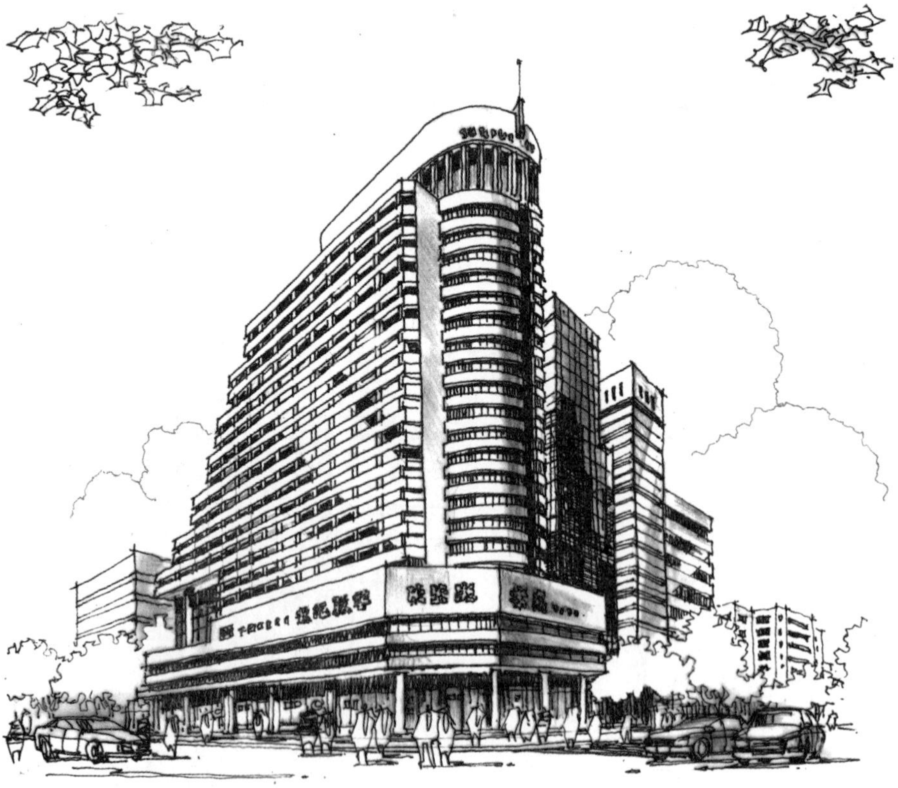

某沿街商业综合楼

展示性表现（1）

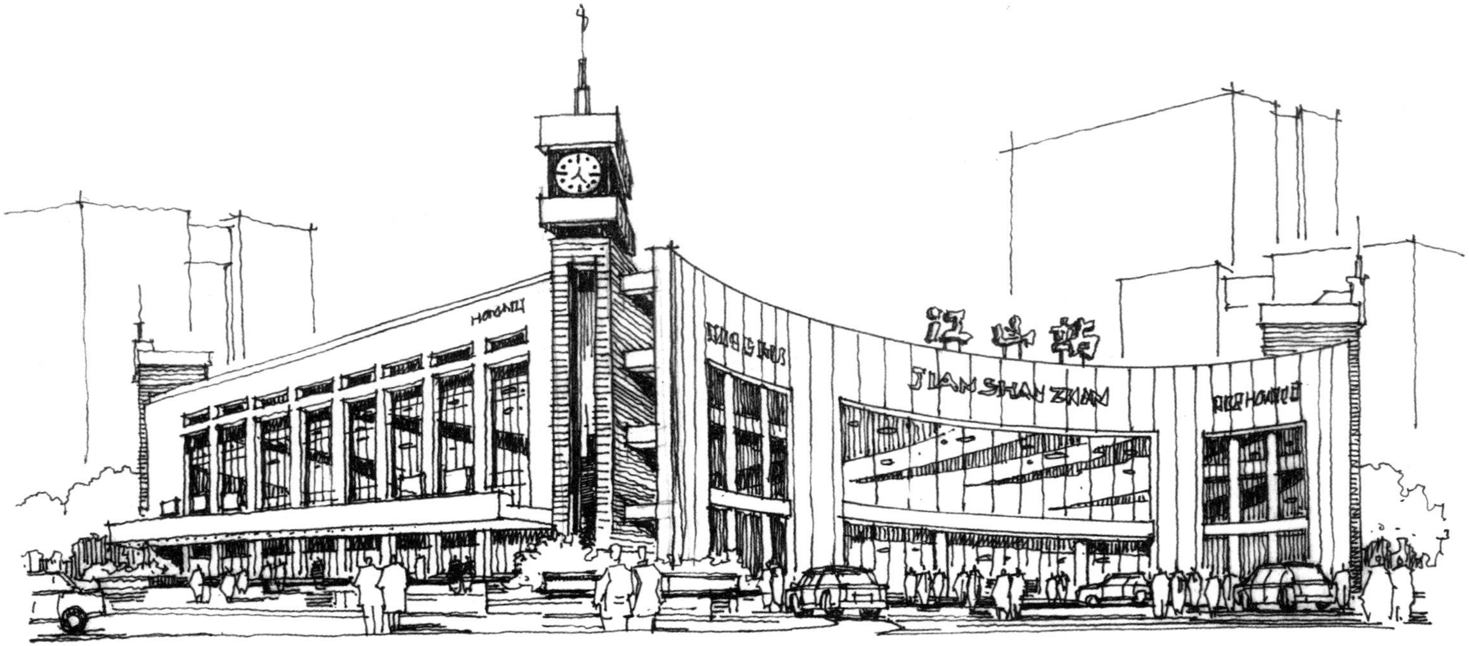

从透视角度选择上讲左右差不多，视平线高度为 1.5 米，充分反映建筑物的标志性特征钟楼，以及建筑物全貌，左侧为售票处和行包处，右侧为候车大厅入口，同时，还需反映出广场的气氛与周围环境。（A 3 图幅 / 签字笔 / 1.5 小时）

李延龄　浙江省江山市客运汽车站方案设计阶段性表现 1

展示性表现（2）

透视角度选择良好，视平线控制在 1.5 米，以一号教学楼入口为中心，既反映建筑物的标志性特征的钟楼和天文台穹顶，同时，也反映了建筑物全貌与周围环境。

（A 3 图幅 / 签字笔 / 1.5 小时）

李延龄　深圳某中学校园方案设计阶段性表现

展示性表现（3）

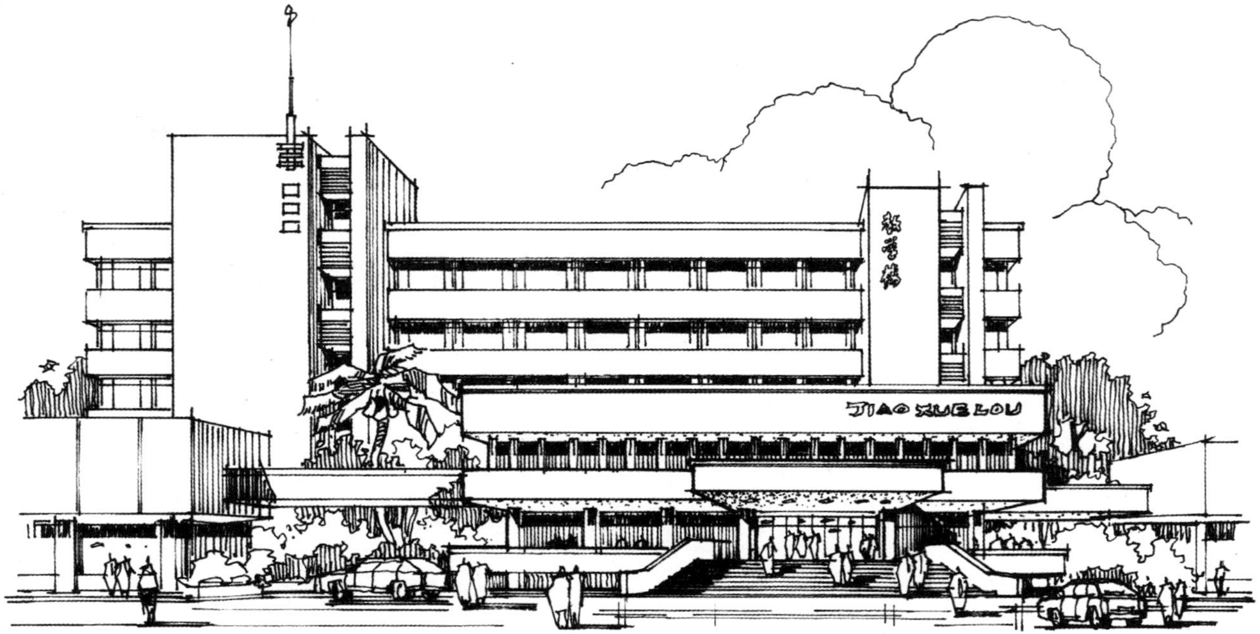

选择了一点透视来表达该教学楼及周边环境，视平线控制在 1.5 米，视觉中心在教学楼入口处，正处于画面横向的 1/3 处较好，既反映教学楼的造型特征，也反映了周围环境。（A 3 图幅 / 签字笔 / 1.5 小时）

李延龄　衢州航埠中学设计阶段性表现

展示性表现（4）

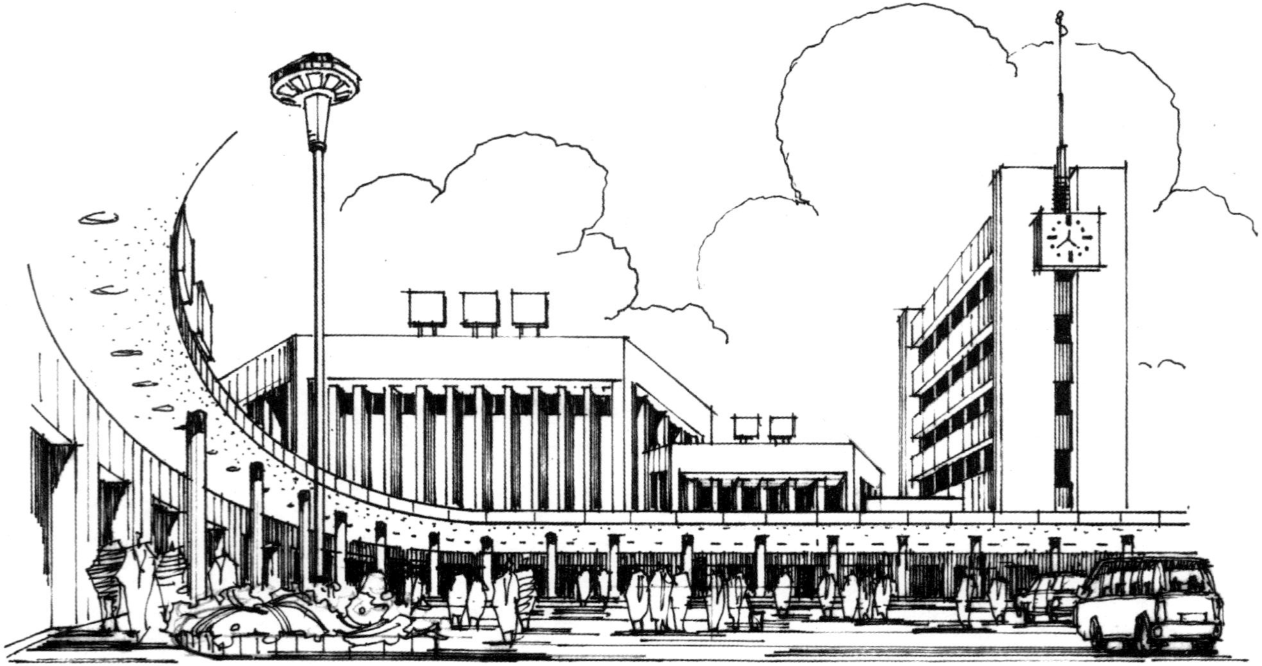

选择一点透视主要表达了候车厅，售票处和综合办公楼，视平线控制在 1.5 米，较好地反映出车站建筑的造型特征和周围环境。

（A 3 图幅 / 签字笔 / 1.5 小时）

李延龄　宁波新浦长途客运站方案设计阶段性表现

展示性表现（5）

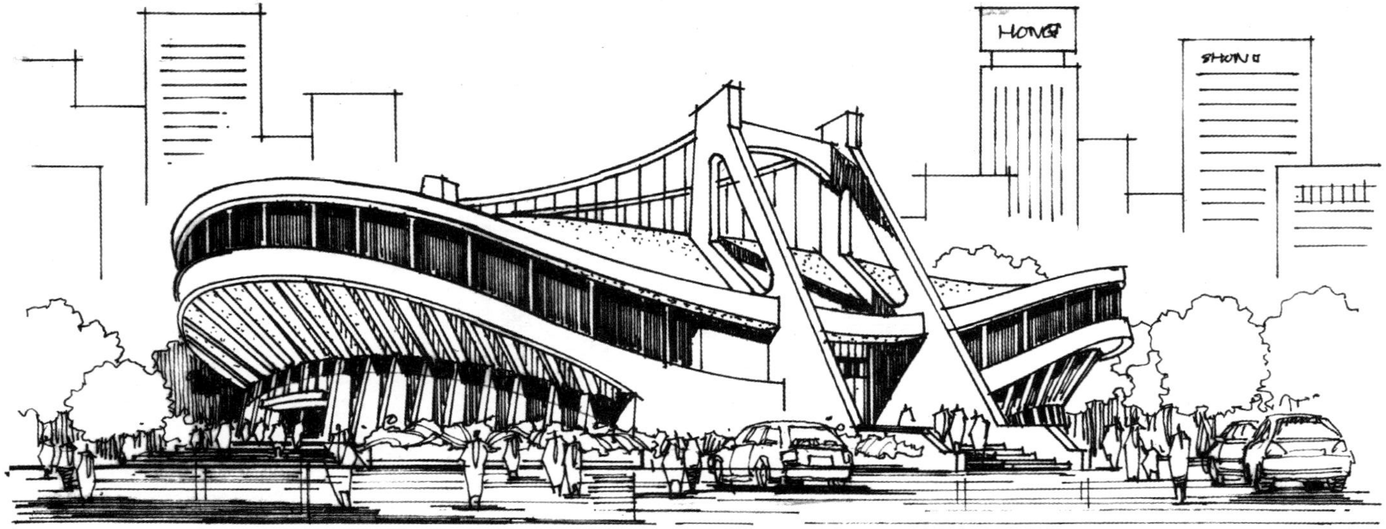

视点选择在体育馆的西南角，视平线控制在 1.5 米，较好地反映出体育馆建筑的造型特征和周围环境。（A 3 图幅 / 签字笔 / 2.5 小时）

李延龄　杭州西湖区体育馆方案设计阶段性表现

展示性表现（6）

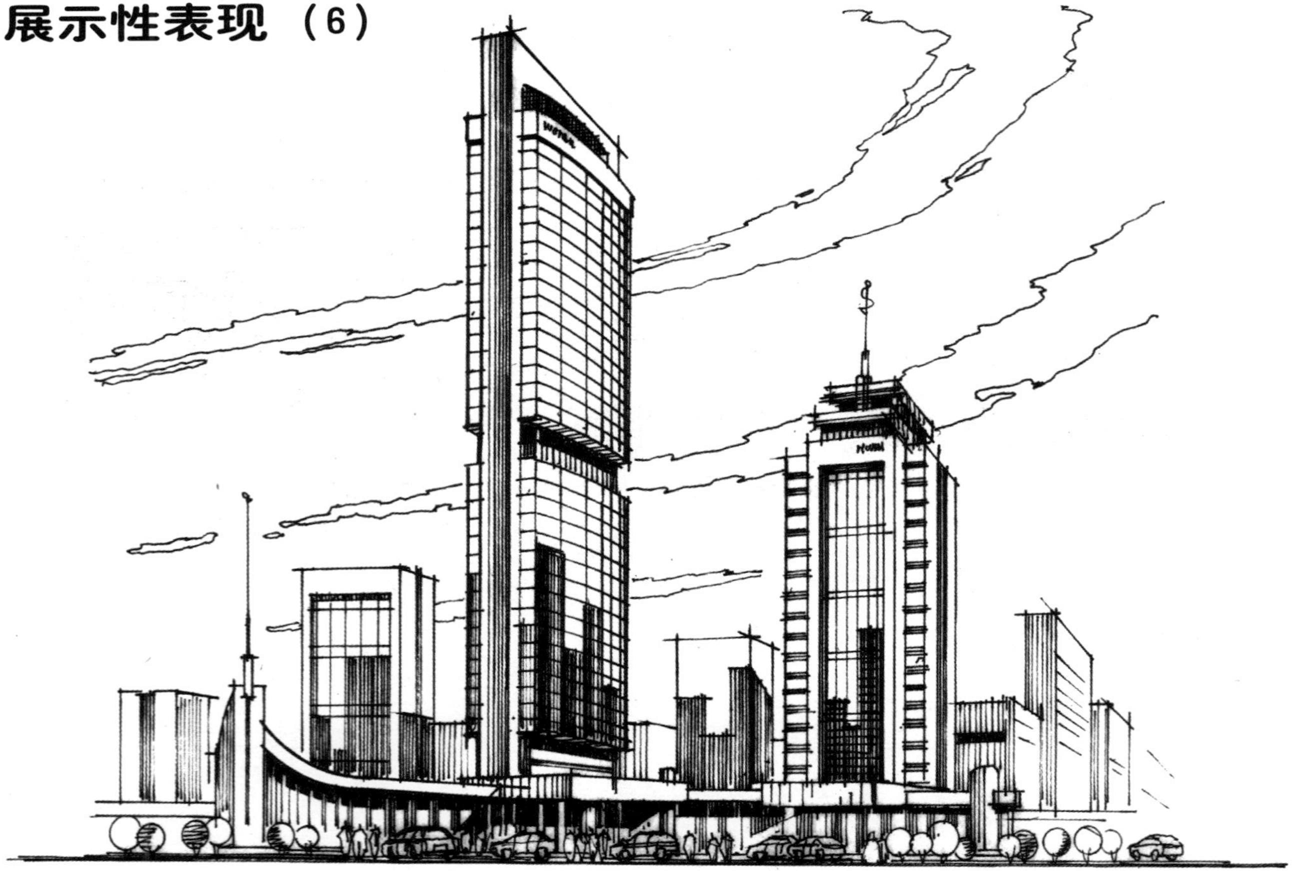

李延龄　杭州宏宇大厦 A、B 楼方案设计阶段性表现

为了反映高层建筑的高耸感，视点选择较低几乎在地面，所以地面没画透视关系。高层建筑的幕墙玻璃以反射周边建筑为主。天空画迎面地条云，整体效果良好。

（A3图幅／签字笔／2小时）

展示性表现（7）

该楼位于道路十字路口，所以主视点位于画面中央，较好地反映出道路两侧环境，视平线高度为1.5米。

（图幅A3／签字笔／1.5小时）

李延龄　浙江德意综合商务楼方案设计阶段性表现

展示性表现（8）

该大楼地处建德市较繁忙地段，表现时尽可能表现出车水马龙场景。选择了正常视平线徒手表现。（A3／签字笔／2.5小时）

李延龄　杭州新安江水厂综合楼方案设计阶段性表现

展示性表现（9）

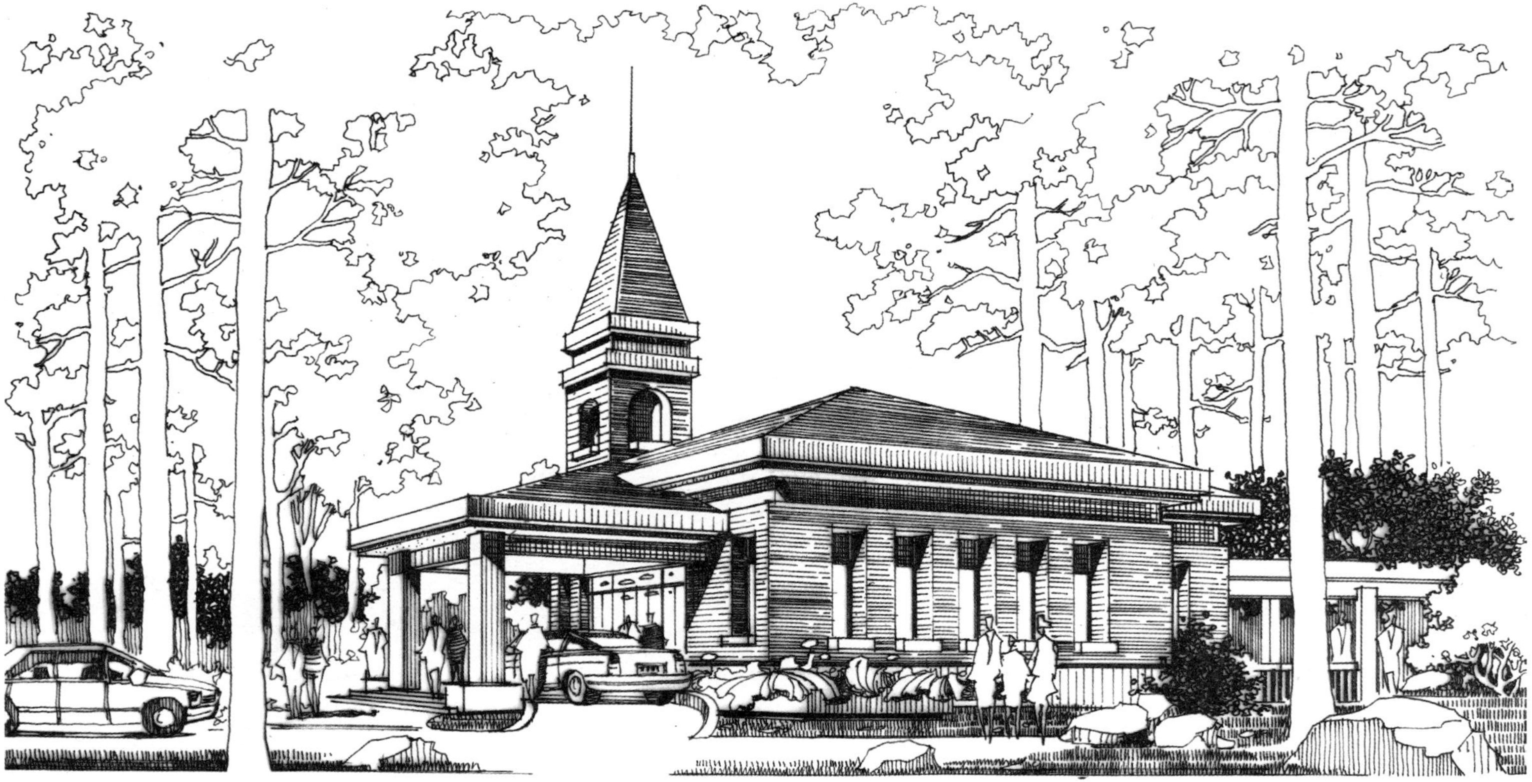

视点选择较低，大面积树木采用白描形式勾画，远处绿化需勾画出层次感，主体突出。（A3图幅／签字笔／2.5小时）

李延龄　杭州鸿翔山庄方案设计阶段性表现 1

展示性表现（10）

REVISED SUGGESTION OF THE ARCHITECTURAL SCHEME DESIGN FOR THE SCIENTIFIC AND TECHNICAL MESEUM IN HEFEI . 1999 .

合肥科学技术馆方案修改建议

天津大学　彭一刚院士作品 1

展示性表现（11）

华侨大学中心区设计

DESIGN FOR THE CENTER AREA OF THE CAMPUS OF THE HUAQIAO UNIVERSITY

总平面图 1/1000

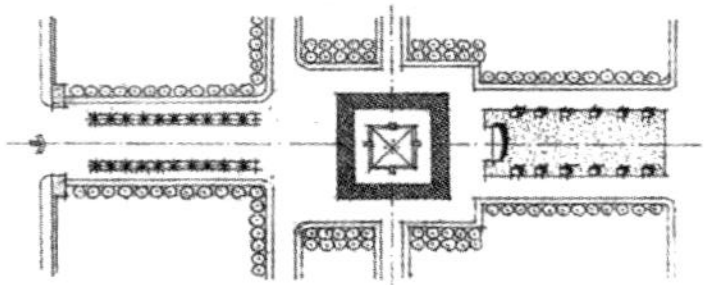

天津大学　彭一刚院士作品 2

展示性表现（12）

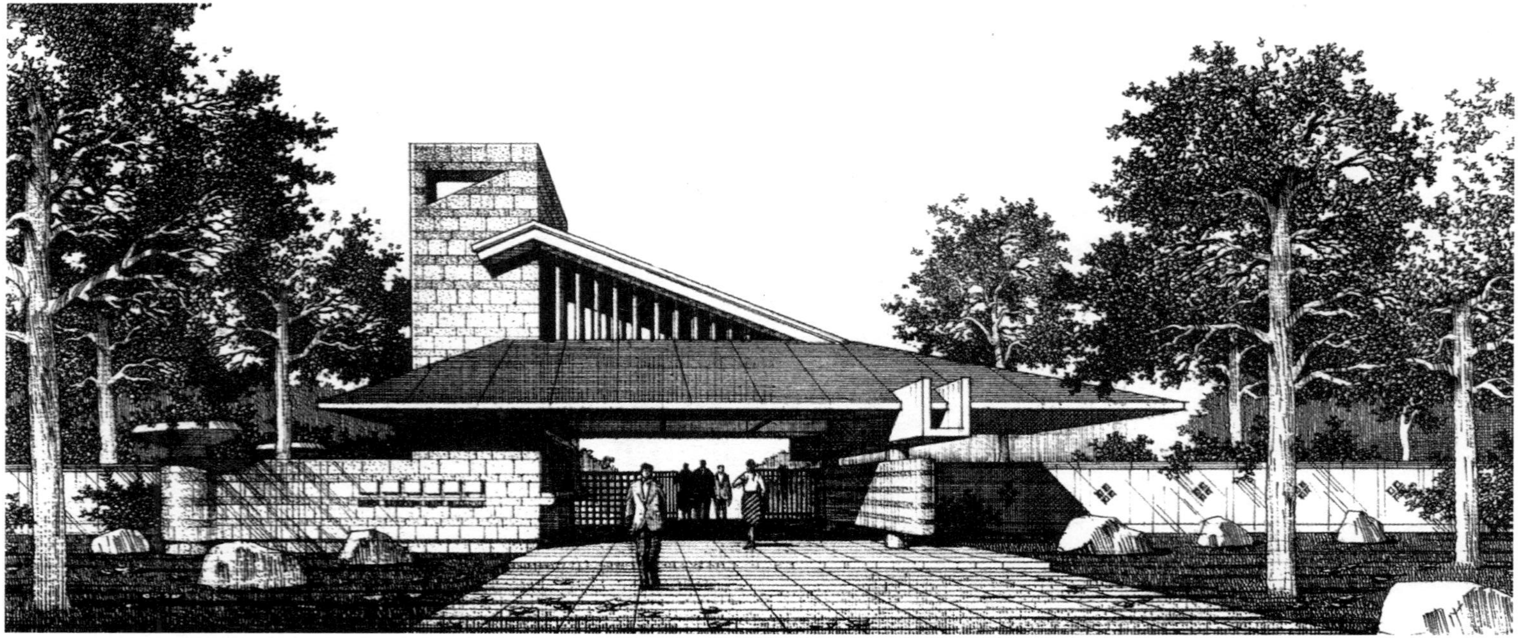

天津大学　彭一刚院士作品 3

展示性表现（13）

天津大学　彭一刚院士作品 4

展示性表现（14）

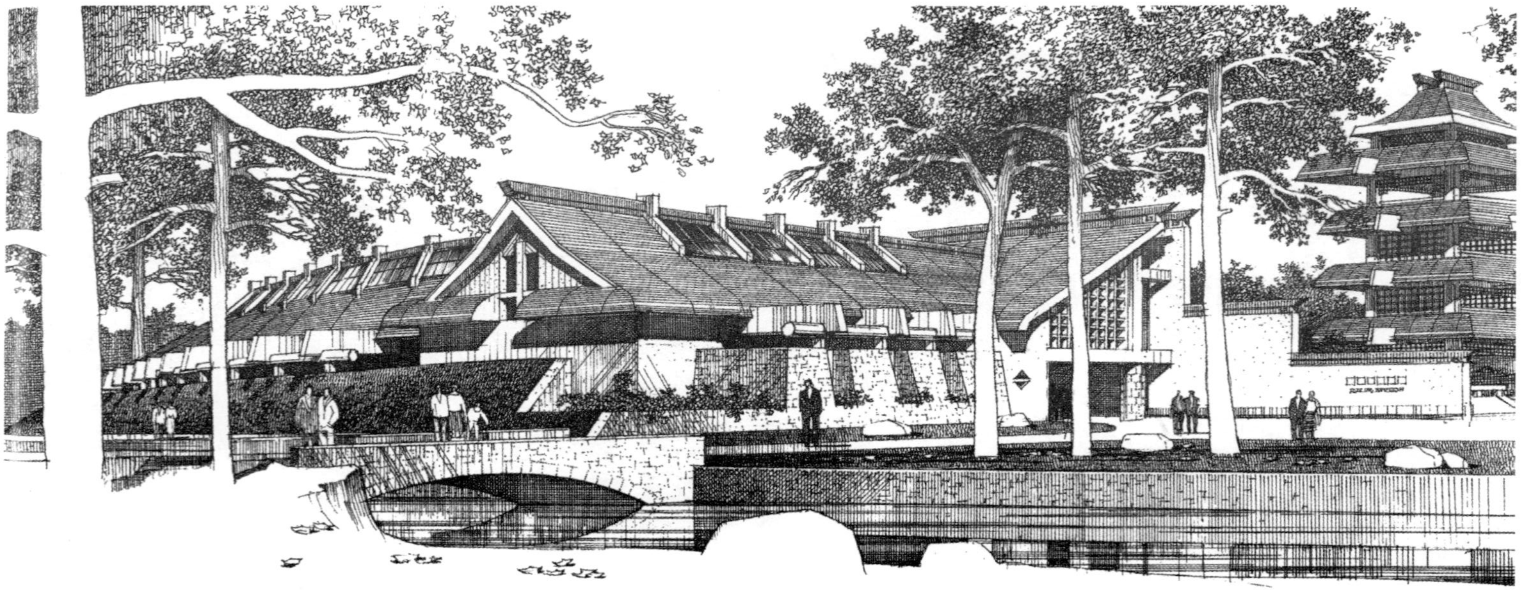

漳浦西湖公园景点设计

ANDSCAP·ARCHITECTURAL DESIGN
OR THE WEST LAKE PARK . ZHANG-PU.

天津大学　彭一刚院士作品 5

展示性表现（15）

该图为某长途客运汽车站的主立面图草图，用笔较简练，马克笔用色简单，体感分明，同样能达到良好的效果。

（A 3图幅 / 签字笔 / 0.6小时）

李李作品　某长途客运汽车站课程设计主立面表现

展示性表现（16）

电脑效果图

南立面图

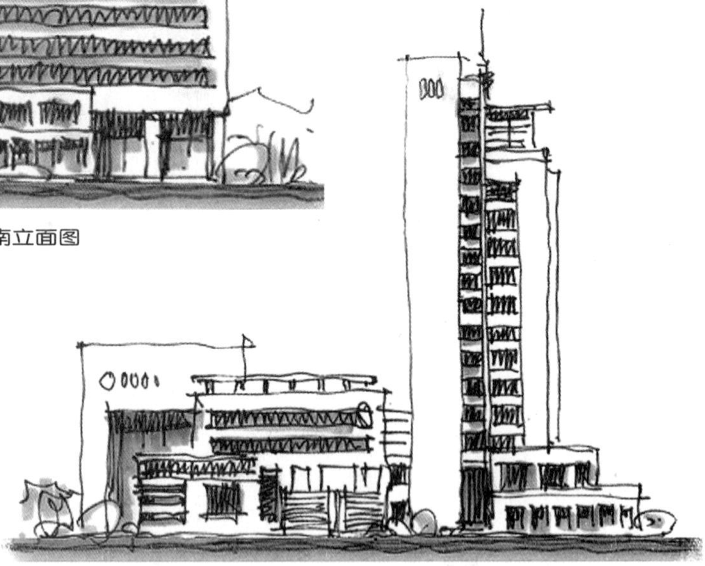

东立面图

某高层建筑方案设计立面草图，勾线用笔简洁，马克笔用色不多，同样达到体感分明之效果。

（图幅 A3 ／签字笔／ 1.5小时）

李李作品　某办公楼课程设计立面草图表现

展示性表现（17）

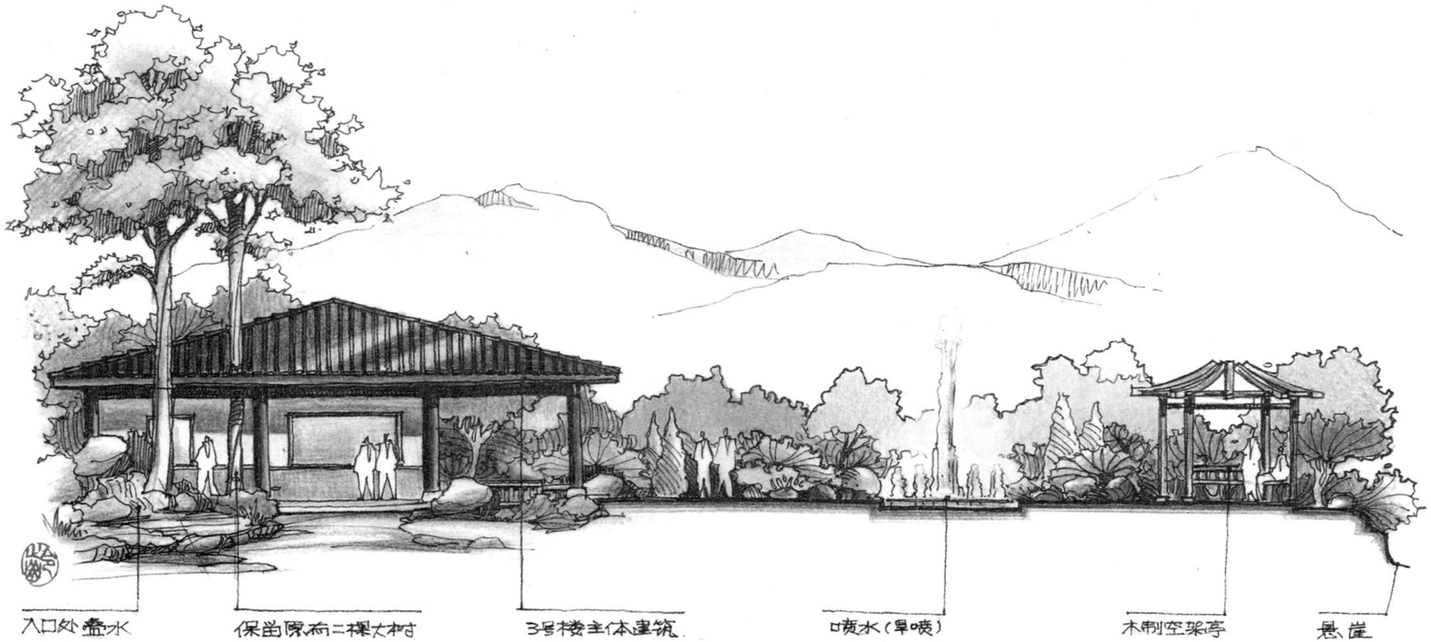

该建筑位于群山环抱的山岗中，环境十分优美。用国产彩色铅笔进行渲染，色彩和谐，运用平涂和渐变的笔法达到良好效果。

（A３图幅／签字笔／２小时）

李延龄　浙江义乌望道农庄３号楼景观设计立面图表现

展示性表现（18）

九华山庄娱乐区入口为欧式建筑，清水毛面砖和底层暖色花岗石外墙，彩铅表现清水小面砖可留一定色差和笔触，花岗石可作一些光感。天空用蓝色粉笔着色，边缘可用橡皮擦色。

（图幅 A3 ／硫酸纸／ 2 小时）

李延龄　浙江衢州九华山庄设计阶段性表现

展示性表现（19）

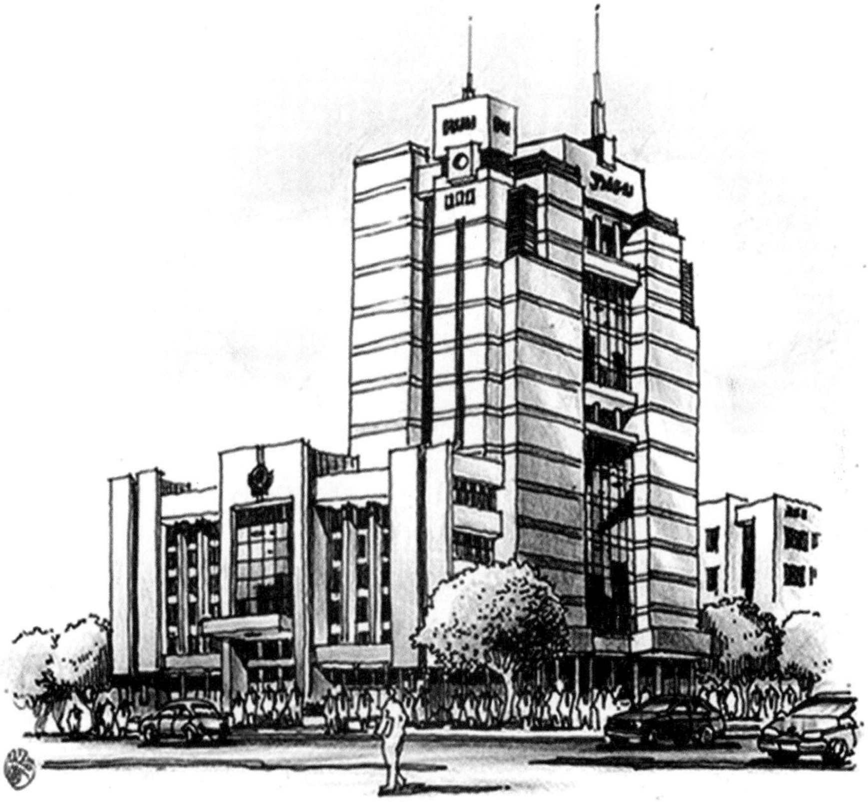

大楼外墙以铝塑板为主，并穿插一定的幕墙玻璃。该图着色时对大片墙面只做暖色大基调处理，分出明暗两面即可。局部幕墙玻璃着蓝色，天空用蓝色粉笔，并用橡皮擦拭一定云朵。

（图幅 A3 ／硫酸纸／ 2 小时）

李延龄　杭州萧山公安综合楼方案（1）设计阶段性表现

展示性表现（20）

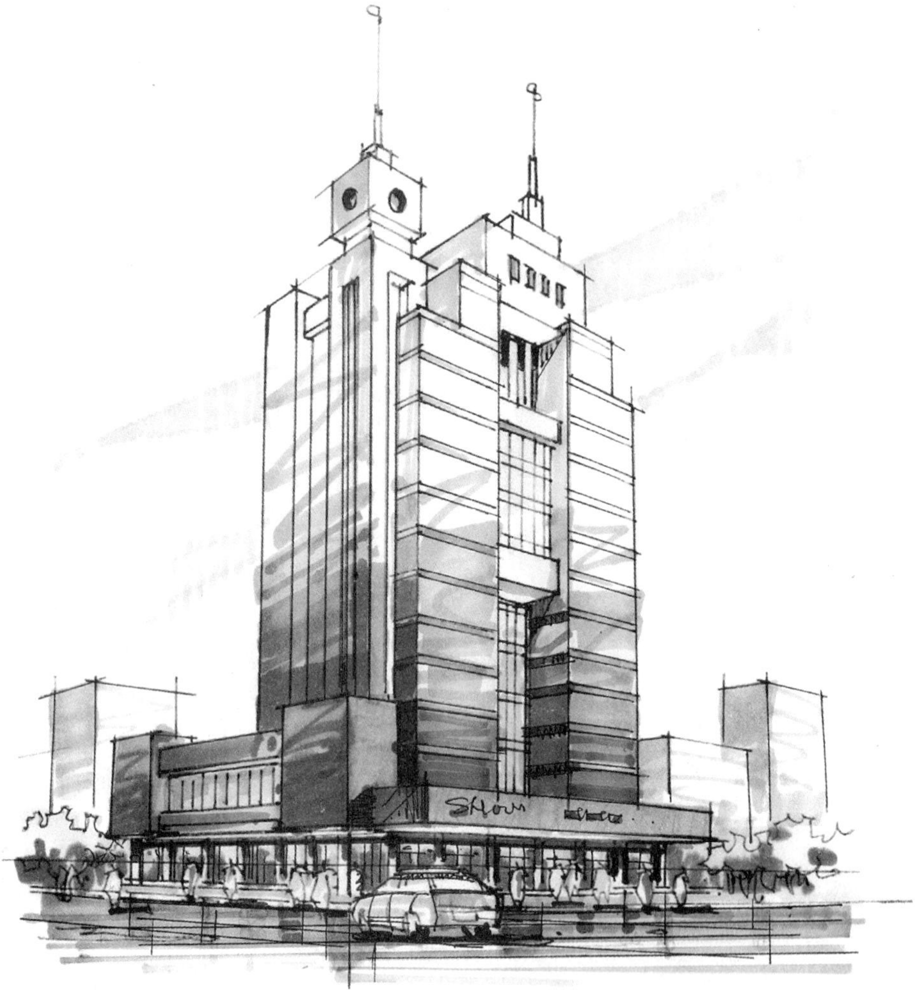

该图为公安综合楼方案（2），用马克笔着色，对大片墙面只做暖色大基调处理，分出明暗两面即可。局部幕墙玻璃着黄色与商场协调。天空用浅灰色笔画一定的条云即可。

（图幅 A3 / 复印纸 / 2 小时）

李延龄　杭州萧山公安综合楼方案（2）设计阶段性表现

展示性表现（21）

该建筑位于坡地溪边，环境十分优雅。着色重点强调建筑材料质感和水面反光，与环境十分协调，不强调坡地与近景。

（Ａ３图幅／硫酸纸／２小时）

李延龄　浙江义乌望道农庄３号楼景观设计立面图表现

展示性表现（22）

该景观地处山庄入口的人工湖畔，图面只强调了人工湖周边的一些景物和叠水，近景的小船给画面增添了不少，周围楼宇没有反映，天空只作抽象的条云处理。

（Ａ３图幅／硫酸纸／２小时）

李延龄　杭州锦绣山庄景观设计草图表现１

展示性表现（23）

该建筑外墙为土黄色涂料，以及土红色瓦顶。表现时众多的墙面和构件只作明暗处理，否则会花掉。重点强调了小面积的屋顶与蓝色的玻璃。绿化和水面要做到与画面色彩协调。（A３图幅／硫酸纸／２小时）

李延龄　杭州锦绣山庄景观设计草图表现２

展示性表现（24）

李延龄　浙江余姚环卫综合大楼方案设计阶段性表现

该图为浙江余姚环卫综合大楼的大堂室内设计，视觉以弧形大楼梯为中心，对大堂面貌基本反映清楚。并用彩铅对画面进行渲染，进一步强调各材料的质感表现和灯光效果的表现。

（A3图幅／签字笔／2.5小时）

展示性表现（25）

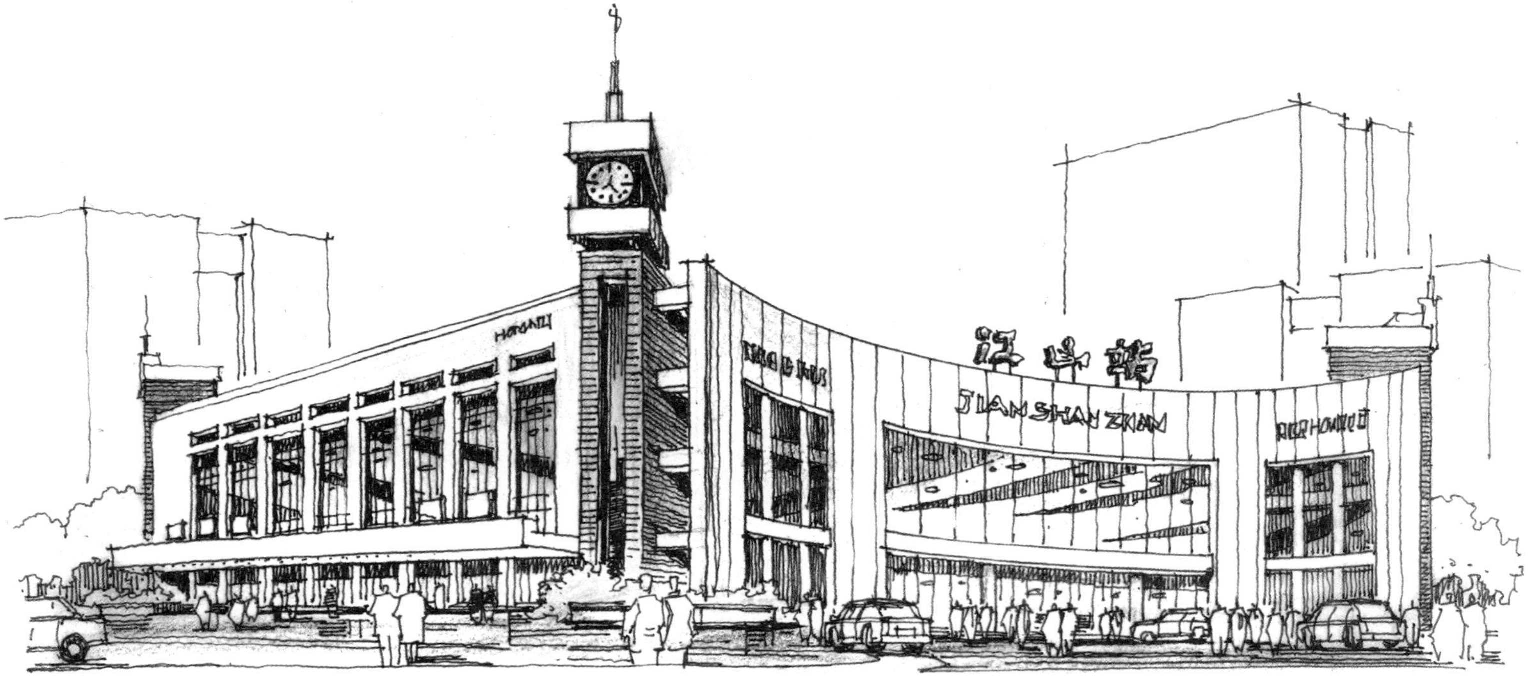

该图是在原黑白线图稿基础上进行了简单的着色，先用蓝色粉笔对天空进行渲染，接着对钟楼及左右两侧的红色面砖墙着色，然后对大面积的外墙和玻璃着色，最后为环境着色，所有部位着色都需要注意退晕关系。

（Ａ３图幅／硫酸纸／０.５小时）

李延龄　浙江省江山市客运汽车站方案设计阶段性表现２

展示性表现（26）

在原黑白线稿图基础上进行了简单的着色，天空注意上下退晕，大片树木留白以衬托主体建筑。建筑物着色时强调阳光感和退晕效果即可，其余景物简单着色或留白。

（A３图幅／复印纸／0.5小时）

李延龄　杭州鸿翔山庄方案设计阶段性表现２

3　方案设计终结的图面表现

方案设计终结的图面表现，它首先包括了由建筑平、立、剖面图和透视，以及必要的文字说明等等所组成的内容。这些内容的表现，它不同于“建筑制图”课中所绘制的建筑工程图。建筑方案图的表现，它不仅需要符合国家制图规范，同时，还需要体现出较多的艺术要素，全面地、准确地和形象地给以表达。

3—1　平面图的绘制与表现

建筑方案图的绘制与表现，其平面图是很重要的一部分，特别是首层平面图，它的绘制与表达还包括了周围的环境，在整个画面中所占的位置也是比较大的。平面图的绘制通常可分以下程序和内容进行。

A. 建筑墙体的绘制

首先绘制建筑墙体中开间、进深的轴线（中心线），其后，绘制各墙体的厚度；最后绘制各门窗的位置和大小。绘制稿线是可用 2H 或 3H 铅笔，画线时也不必太拘谨，线条交接处允许有所出头。

B. 房间内家具与设备的绘制

画完建筑墙体后，就需要绘制必要的家具和设备，以展现出房屋的使用功能。绘制家具与设备时对于相应的尺寸和比例一定要准，否则，难以判别出正常的空间尺度。如公共建筑的大厅，需要绘制沙发等家具；住宅厨房就需要绘制灶台和水池等设备；厕所就需要绘制便器和浴缸等等。除此，还需要画出各房间地面的材料，如地砖、花岗石、木地板等材料的格线划分，这些格线的划分也需要与其相应的比例一致，材料分格线的绘制可以用更细的或极细的线条。

C. 室外设施与环境的绘制

室外设施与周围环境的表现主要有道路、铺面、山石、花坛、水池以及树木和草坪等等。其中道路与绿化所占的幅面较多，通常以绿化映托道路，这二者会相互嵌合的。

绿化是以树木和草坪为主，树的形式也很多，通常以乔木与灌木相穿插，同时，以点植与丛植相结合。

其实，涉及环境表现的要素还很多，由于篇幅关系就不一一点述，希望初学参见其他有关书籍。

D. 线型规格的控制

平面图的绘制与表现时，所有图线的表达都必须符合国家相关的《建筑制图规范》和规定，同时，符合投影的基本原理。切忌自创一套，画蛇添足。所有线条需要有粗、中、细之分，绘制时应保证线条的流畅、光滑以及线条交接的准确性。

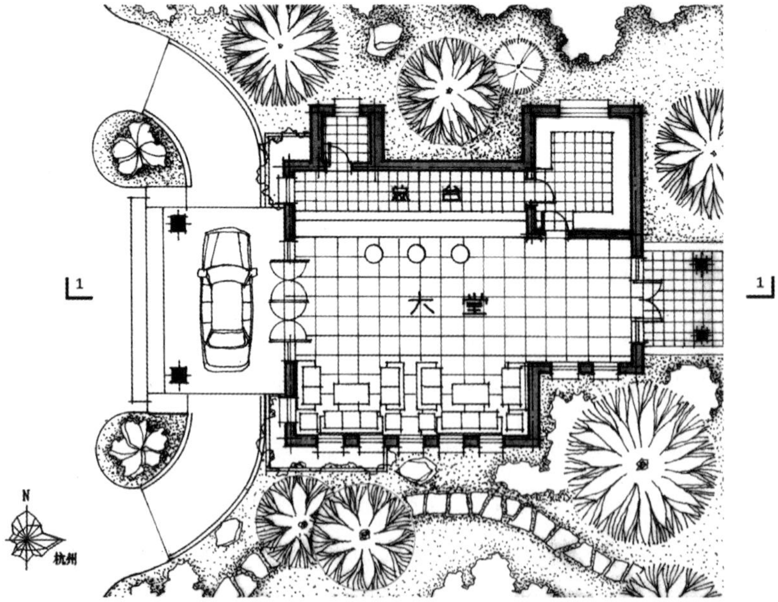

某山地旅馆方案设计　大堂平面图

3—2 立面图的绘制

面对我们要表现的建筑绝大多数是较现代建筑，其体形及外轮廓线较简单，虚实对比却比较强烈，线条挺拔棱角分明，凹凸变化的层次虽不丰富，但贯穿于整个建筑体形，大效果还是十分强烈的。

所以，现代建筑立面图的绘制与表现主要取决于以下几方面要素进行强化与表达：凹凸层次、光影效果、材料质感和虚实关系等，以及环境绿化的配置。

A. 凹凸层次

用钢笔线条来表现建筑立面图的凹凸层次感，最主要的还是用线条的粗细来区分，视凹凸的关系与程度决定其线条的粗细，也可用阴影关系来强调其凹凸关系与层次。

B. 光影效果

光影效果是表现建筑立面图很重要的一种手法，对于有较大面积光影效果的墙面来说，在绘制阴影时，一定要注意并理解其渐变关系和退晕效果，较逼真地给以表达。

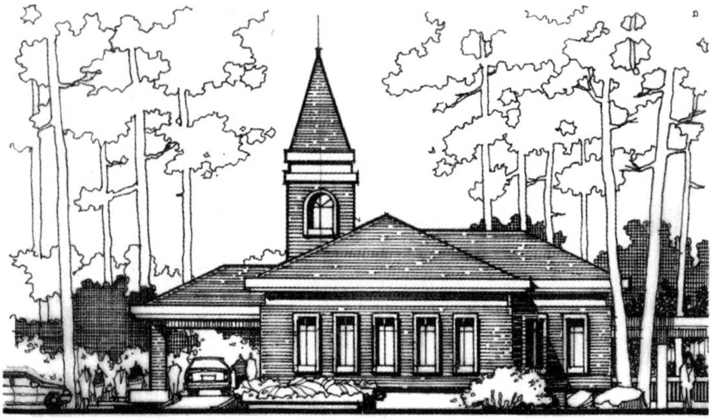

杭州某山地旅馆方案设计　大堂东立面图

C. 材料质感

用钢笔线条来表现立面图中的材料质感，一般有两种情况：对于一些小比例（小于 1：50）的立面图基本只做不同材料区分的表达，而不做材料质感的表达，因为比例小了不便于表现。另一种对于大比例建筑局部的表现就需要作一定的材质渲染，进行细腻的材质表现。

D. 虚实变化与环境配置

虚实变化，通常都运用在环境的表现上，因为我们所绘制的平、立、剖面图大部分都在 1：100 ～ 1：200 之间属于小比例图，在主体建筑中很难做虚实变化。但是，在环境与绿化的配置上还是可以表现的，例如，远处的建筑可以用细线画轮廓或局部的窗即可，不必一一细画，绿化也一样远处的树木只做外形描绘即可，以视为空间层次和环境配置的距离变化。

天津大学　彭一刚院士作品

E. 线型规格的控制

在绘制建筑立面图时其线型控制，通常立面图的外轮廓线为粗线，轮廓范围内不同构部件之间的线，应根据空间情况而定线型的粗细，一般来说空间距离大的，它们之间的线就略粗一点，其余的线均为细线，建筑立面图的基线为最粗的线。

3—3　剖面图的绘制与表现

建筑剖面图主要表现建筑物内部空间的处理，例如各主要空间相互之间的关系；高度方向的一些变化；室内的装修情况和室内外空间的过渡关系等等。

在剖面图的绘制中，被剖切到的部分与未剖切到的部分，其界限范围一定要画清楚（剖切到的用粗线表现，未剖切到的用细线表示）。

方案剖面图还需要绘制室内的家具和设备，以及室外的环境空间。

杭州某山地旅馆方案设计　大堂 1—1 剖面图

3—4　画好透视图应注意的若干问题

对于如何绘制透视图，是“建筑制图”课中所讲述的内容，这里主要讲述的是：如何画好透视图应该注意的一些问题，例如：透视图的角度选择；视点的定位以及建筑配景中需要注意的一些问题。

A. 透视角度的选择

合理地选择透视角度，是画好透视图很重要的一步，由于，角度的不同，所绘制的透视图也会有很大的不同。

一般情况下，建筑物的主面与画面的夹角越小，其透视消失线越平缓，使其反映建筑物主面的情况会越清楚。

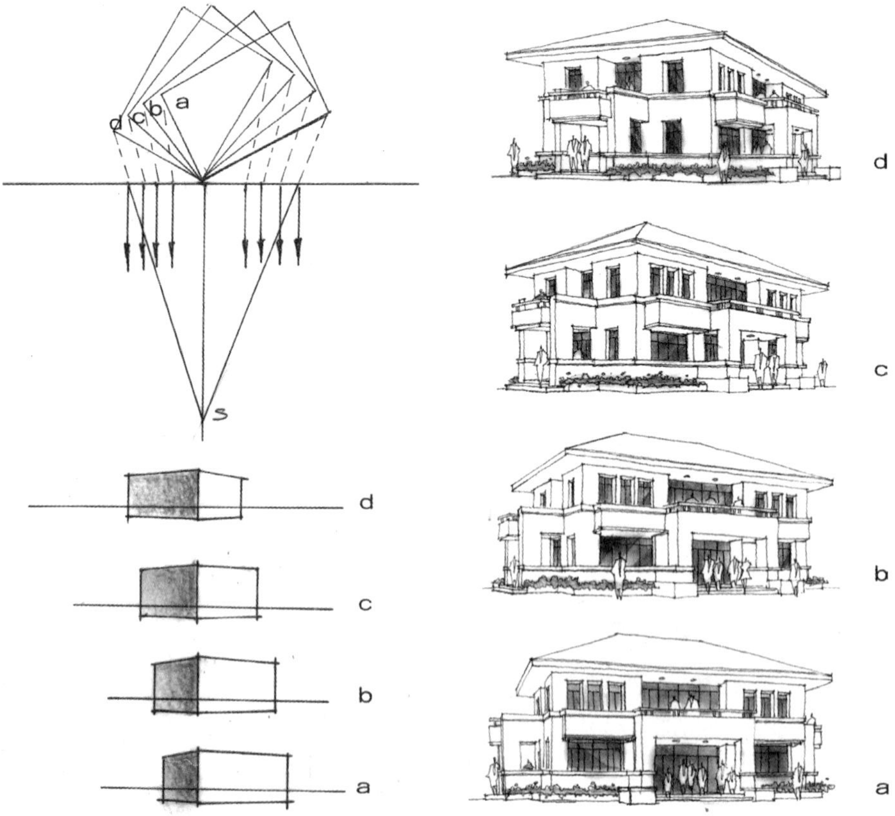

不同的角度会产生出不同的透视

但是，也有一些特殊情况，根据建筑物的造型也可选择一些特殊的角度，同样可以画出较理想的透视效果。

B. 视点的选择

视点的选择主要从前后、左右和上下三个方向来控制。

1）视点前后位置（视距）的选择

一般情况下，视距不宜太近，否则会失真。从平面角度讲，画面线与建筑物范围之间的夹角应控制在 30°角为好（视距越近，视角越大，越容易失真）。

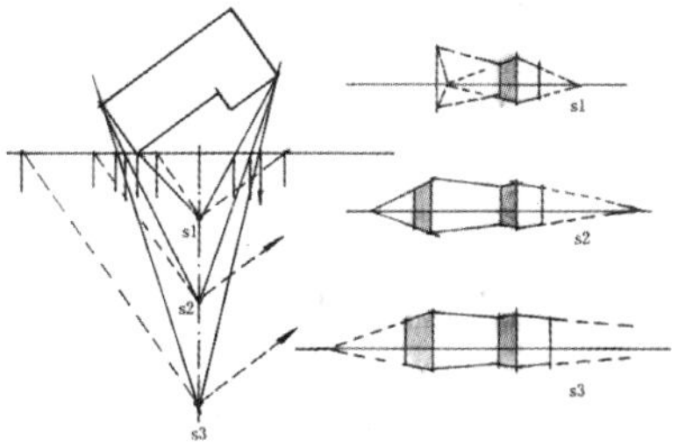

视距近、视角大透视失真

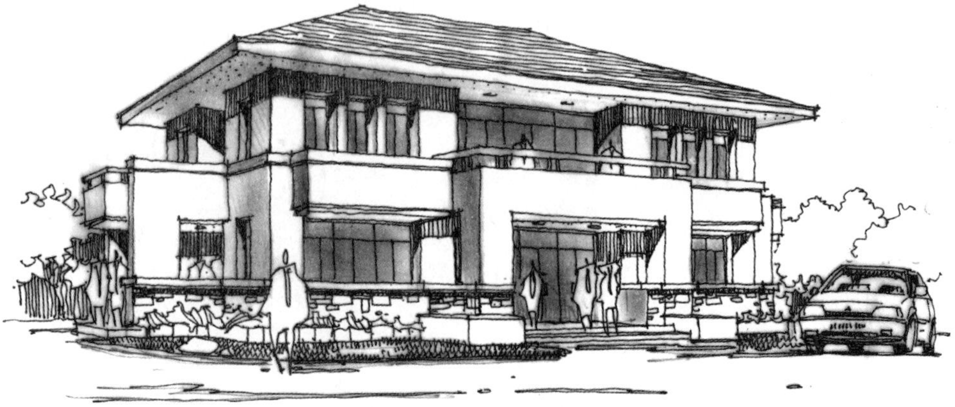

具有良好视角的透视图

2）视点左右位置的选择

视点在左右位置的选择，一般情况下不会出现过多的问题。通常情况下，以反映一主一次两个面进行比较，从中选择一个理想的位置。

3）视点上下位置的选择

对于视点高低的选择，直接关系到视平线的高低和建筑透视图效果的问题。一般情况下，建议视点高度可选择在 1 ～ 1.5 米，这也是视平线最常规的上下位置。但也有不少建筑师愿意把视平线高度定在 0 米处（建筑物地坪的高度），这样会使得建筑物更高大一点。

根据表现需要，也可将视点位置提高至建筑物之上或更高，绘制出鸟瞰图效果。

正常视平线下的透视图

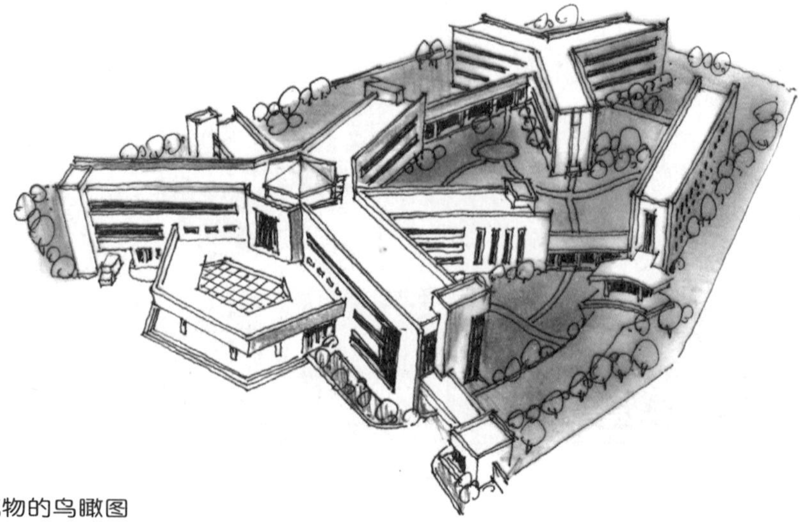

视点高于建筑物的鸟瞰图

C. 建筑配景的问题

在建筑效果图中，适当地配置一定的绿化、人物和交通工具是非常必要的，在这些景物的配置过程中特别是人物和交通工具的配置一定要符合相应视平线的透视规律。

目前，很多效果图中出现配景与效果图的透视规律不符，给人很不习惯的感觉。

下图为 1.5 米视平线绘制透视图，配景也为 1.5 米，给人正常感觉。

右上图建筑物透视控制在 1.5 米，而局部的配景却违反了 1.5 米的透视规律，给人别扭的感觉。

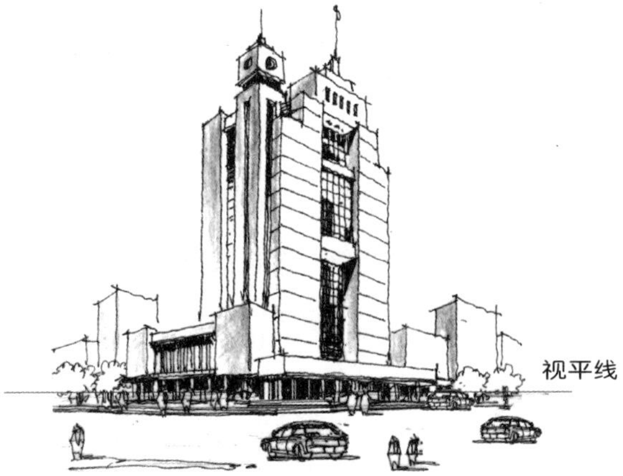

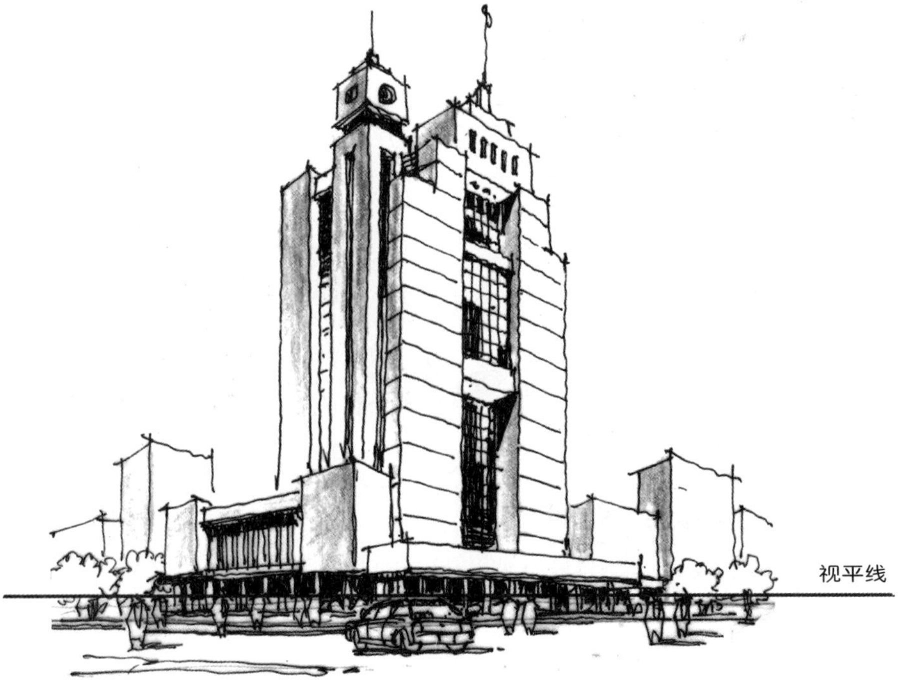

建筑物与配景必须符合相应视平线的规律 1

1）以 1.5 米的视高配景

1.5 米的视平线，普遍认为是常规的视高，因为，我国大多数人的高度基本上是 1.6 ～ 1.8 米，然而，将视高控制在 1.5 ～ 1.6 米的高度是很正常的和很常规的。

而交通工具，特别是小轿车绝大多数的高度也是在 1.5 ～ 1.6 米的高度。所以将视平线的高度定在 1.5 ～ 1.6 米，这个高度是很方便配景的，所有的人物和交通工具，其高度基本上都在视平线的上下高度上，不会有很大的差异。

2）低于 1.5 米的视高配景

视高低于 1.5 米的高度，在绘制配景中的人物、车辆一定要注意视平线之上“近高远低”，视平线之下“近低远高”的透视规律。

3）高于 1.5 米的视高配景

提高了视平线，配景中的人物和绝大多数的车辆都在视平线以下，处于视平线以下的景物，都会呈现出“近低远高”的透视规律。

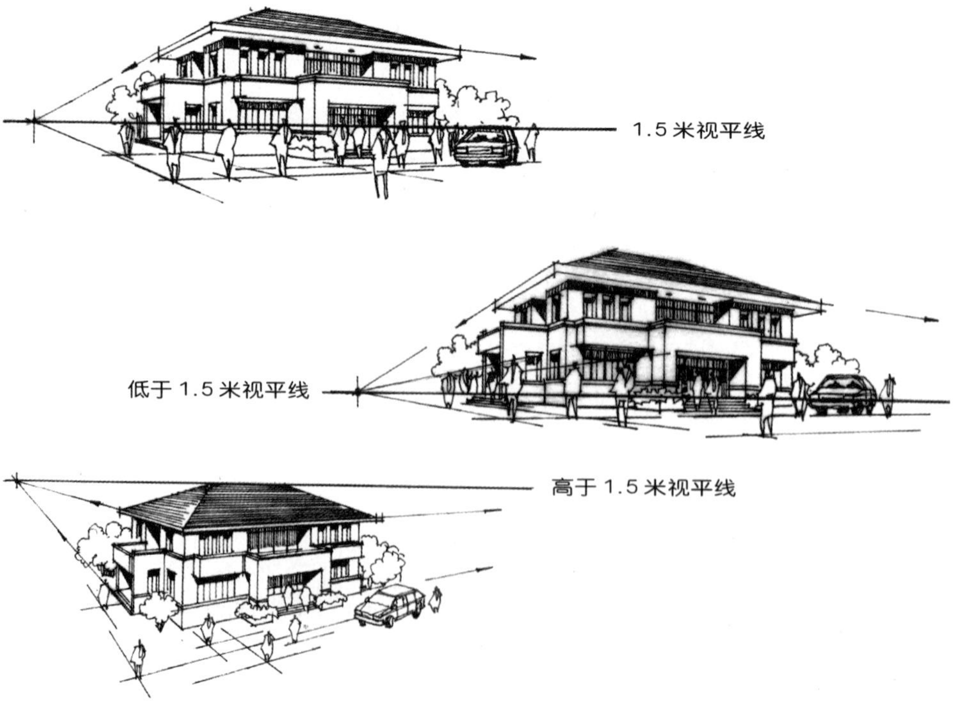

建筑物与配景必须符合相应视平线的规律 2

3—5 建筑常用字体的设计与编排

在建筑初步（建筑设计基础）和建筑设计课程中，都会有大量的绘图课程作业。而这些作业中又不可避免地出现一些字体较大的作业标题，如："钢笔线条练习"、"水彩渲染基本练习"和"茶餐馆建筑方案设计"、"幼儿园建筑方案设计"……乃至毕业前夕就业和考研的"快题考试"，这些大标题字体仍将继续书写。

这些字体书写得"好"与"坏"将直接影响到图面质量，业内曾流行着这么一句话："手绘十分才会赢"，从中不难看出手绘的重要性，这中间包括这些字体的设计与编排。

如何在短促的时间内，迅速地书写出设计题目，通常，都会采用"块块字"书写形式将其表达。"块块字"也称之"方块字"，它比较像"黑体字"，但用笔没有黑体字那么严谨，花时较少。

"块块字"的书写是在一个适量的方块内，根据字体笔画结构，以最简易笔法在方块内巧妙编排，将其表现。

"块块字"最大特点：书写方便、刚劲有力。

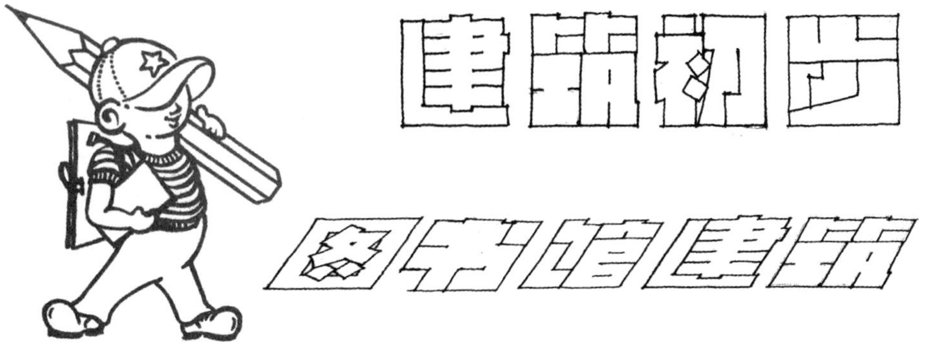

块块字的基本形就是一个方块，要尽可能地利用某些笔画将字体撑方。但对于某些笔画较少的字是有一定的难度，在这种情况下可以适当选择横竖笔画不等宽，尽量使得一个字撑方。

以正方形的比例书写块块字这是第一步，通过不断的反复的练习，掌握其一定的规律和要领后，便可灵活地运用，从而，改变字体比例可长可扁，根据图面位置和大小灵活安排字体的大小，以最合适的比例将其表达。

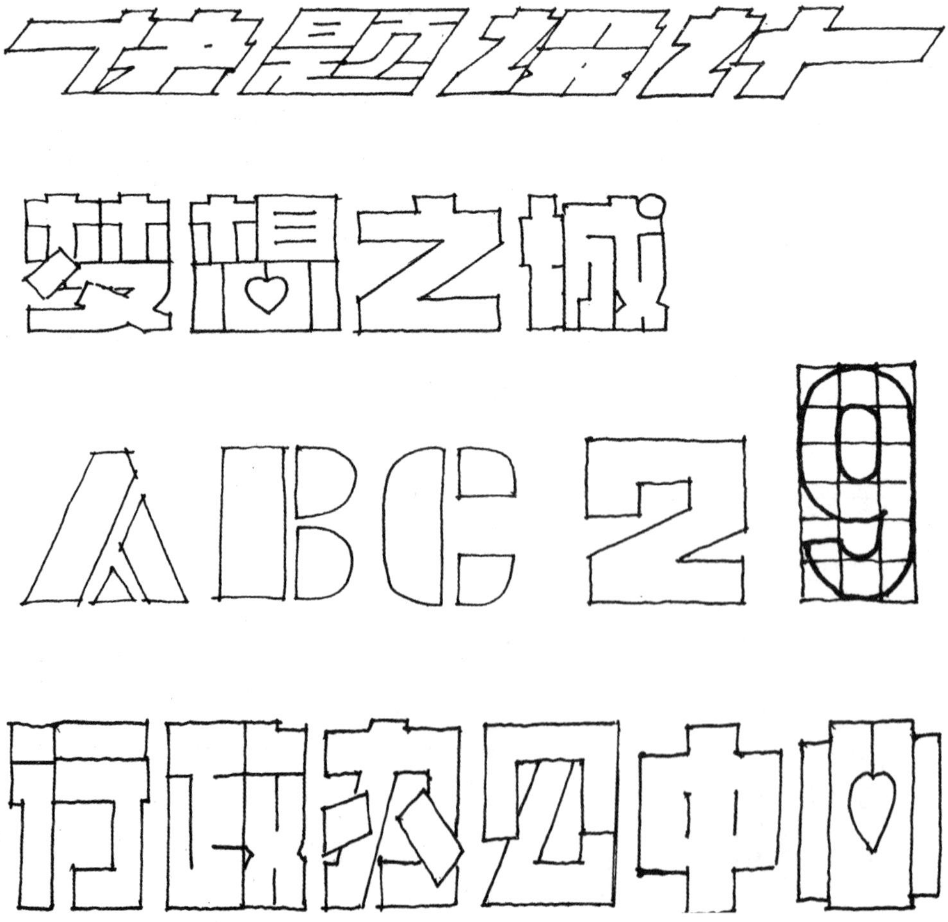

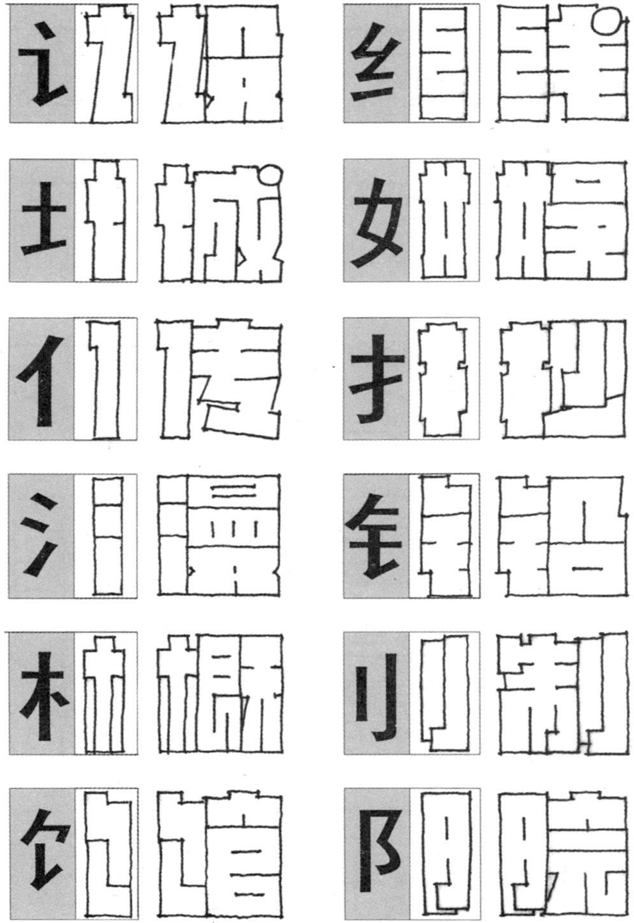

建筑“块块字”偏旁与部首—1

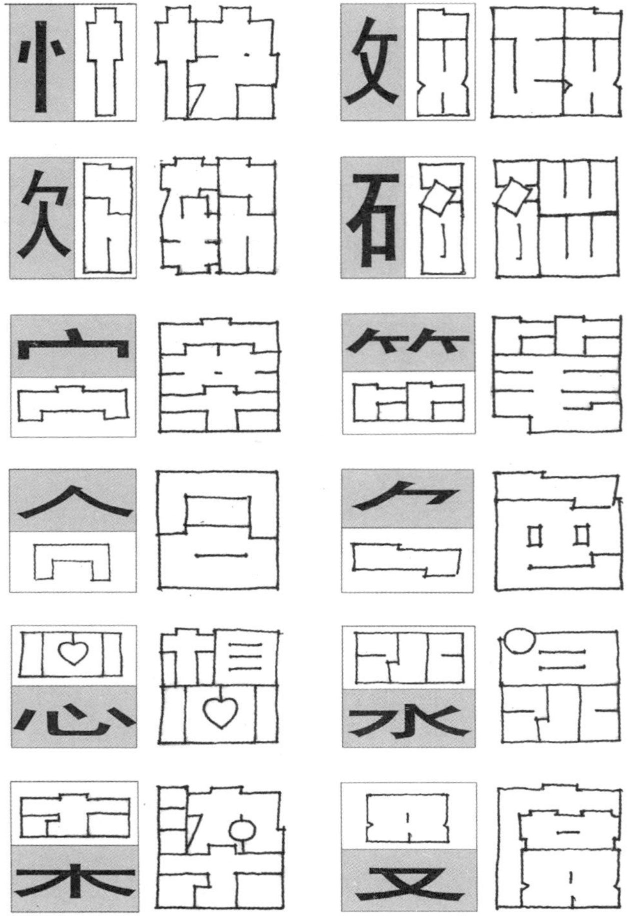

建筑“块块字”偏旁与部首—2

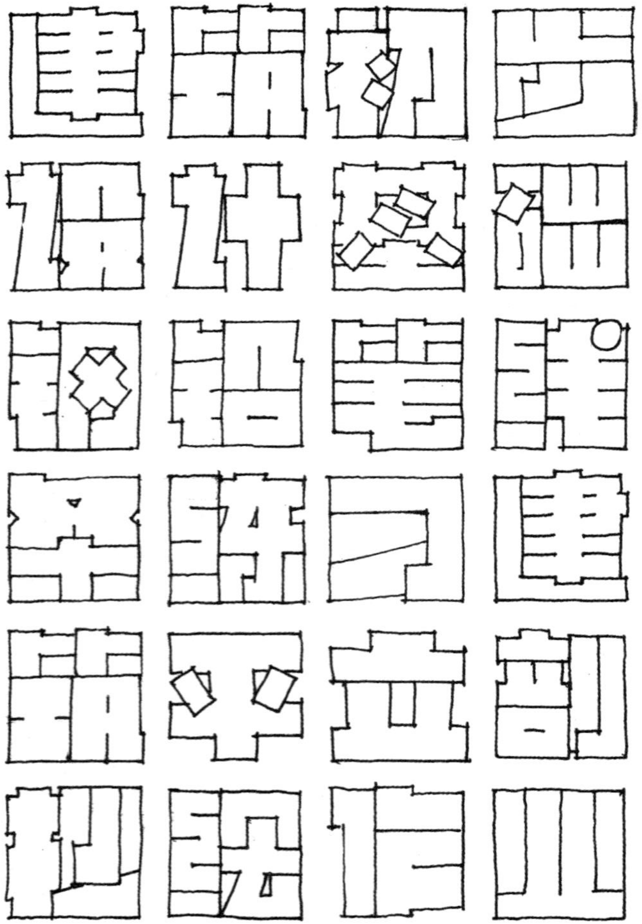

建筑初步作业常用字例—1

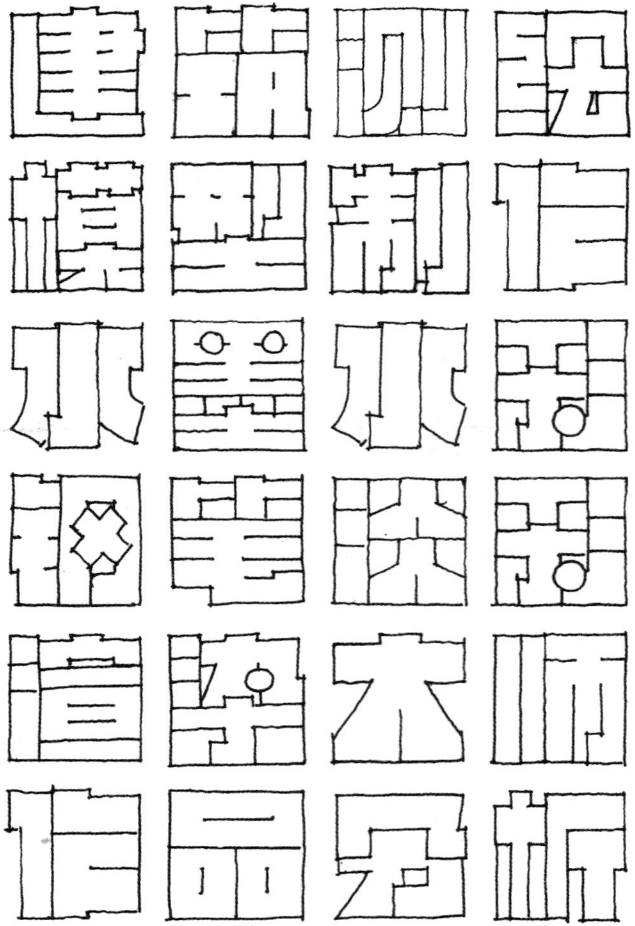

建筑初步作业常用字例—2

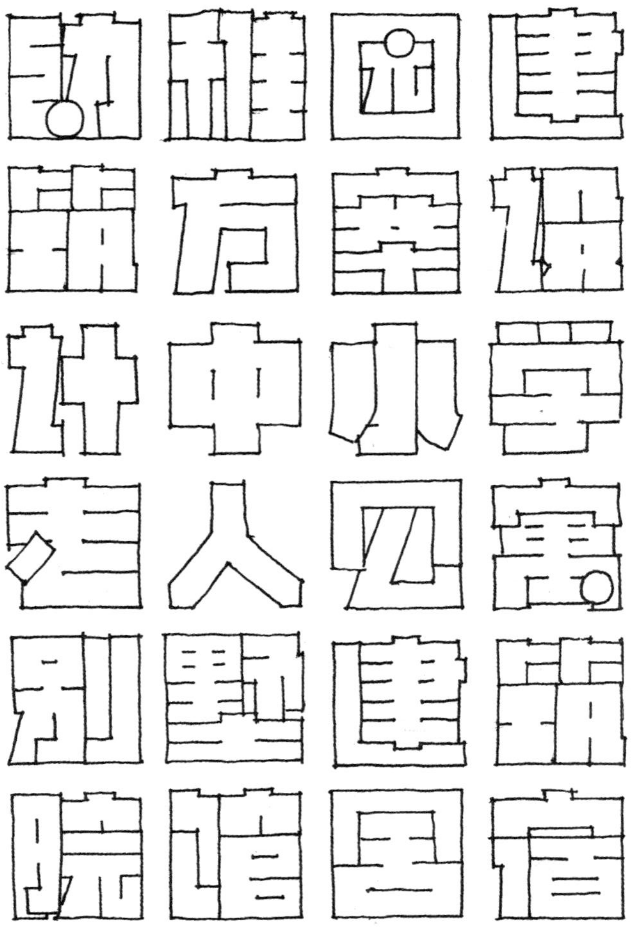

建筑设计作业常用字例—1

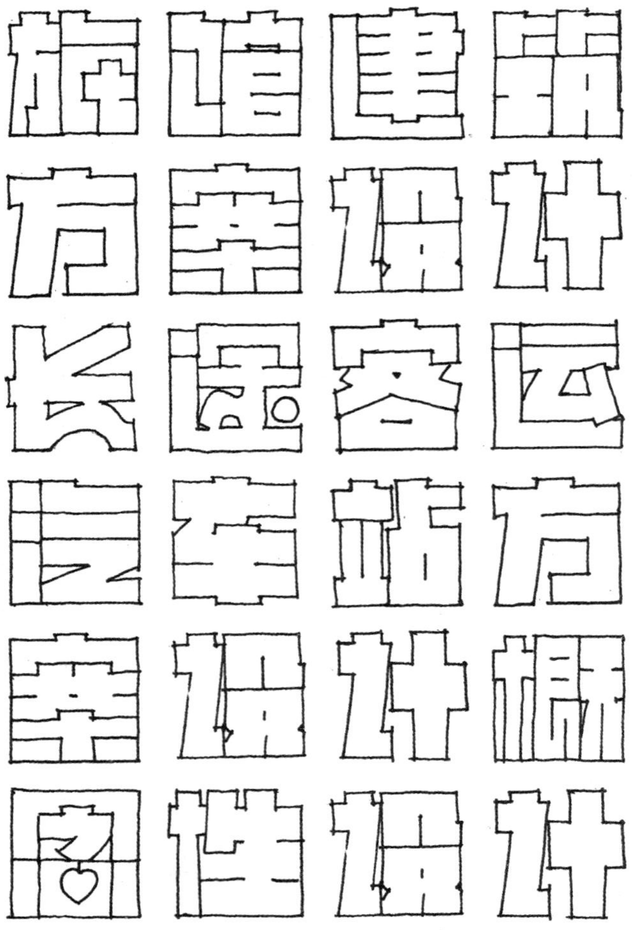

建筑设计作业常用字例—2

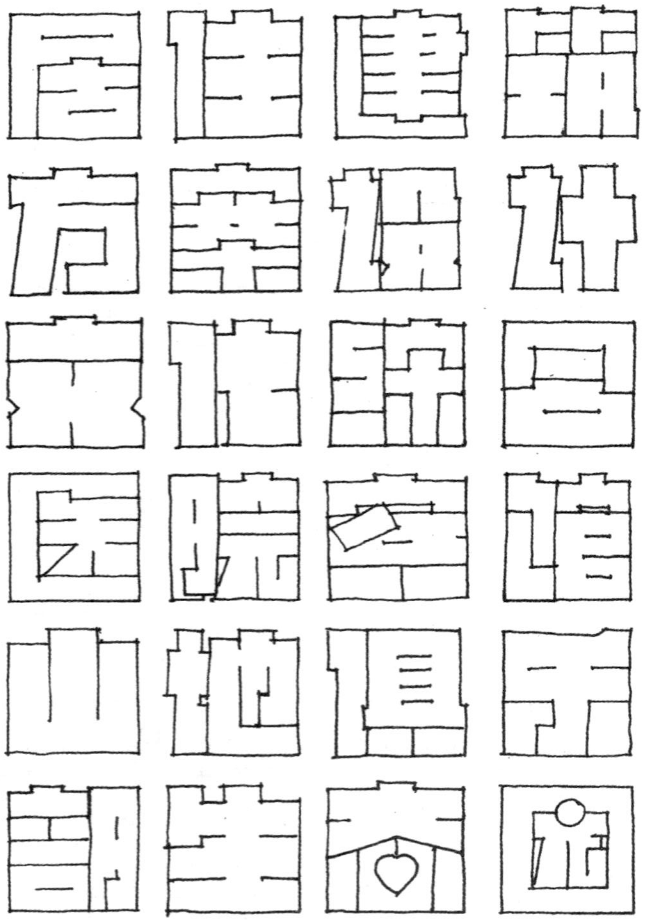

建筑设计作业常用字例—3

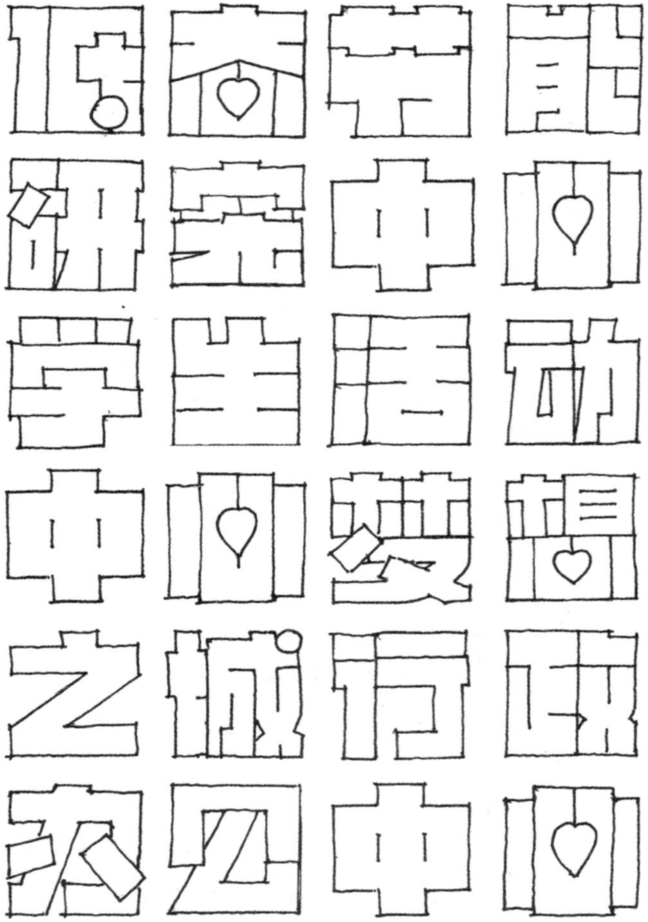

建筑设计作业常用字例—4

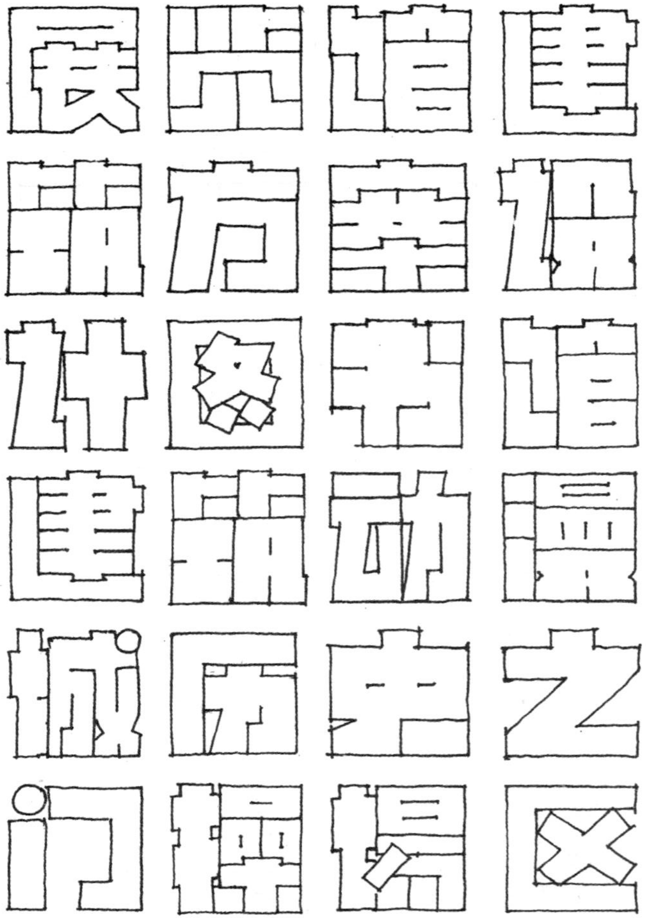

建筑设计作业常用字例—5

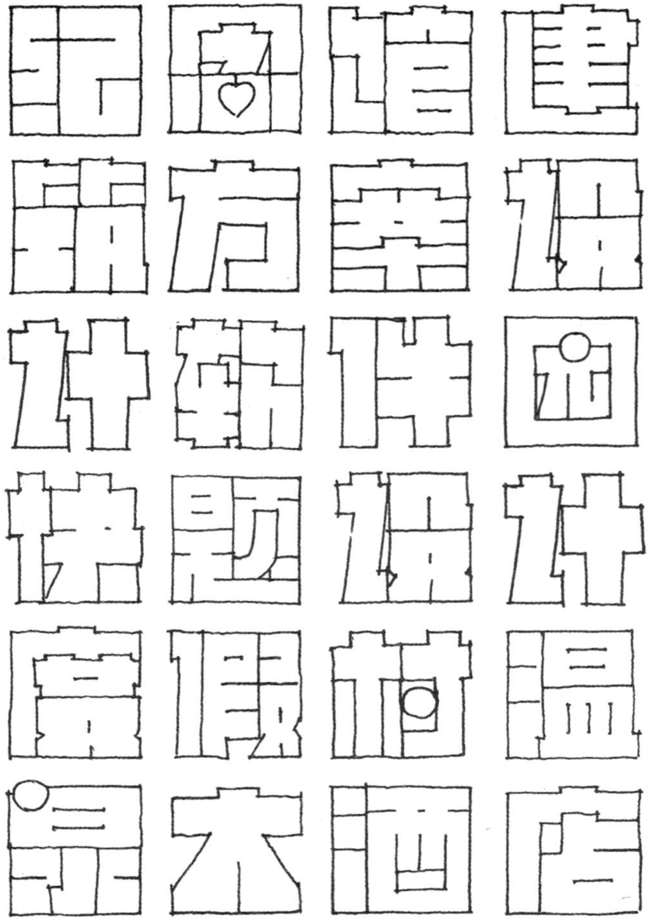

建筑设计作业常用字例—6

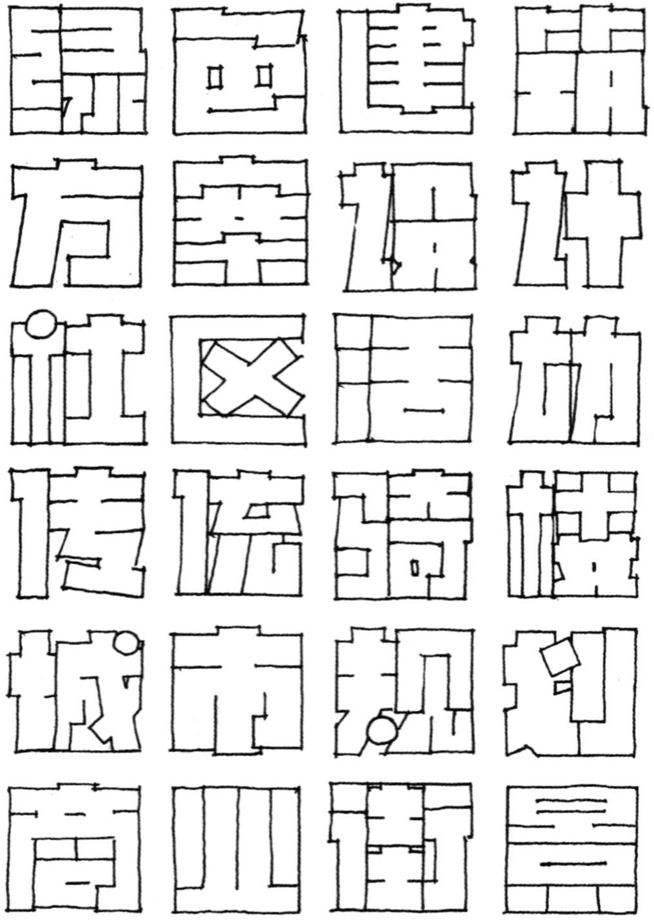

建筑设计作业常用字例—7

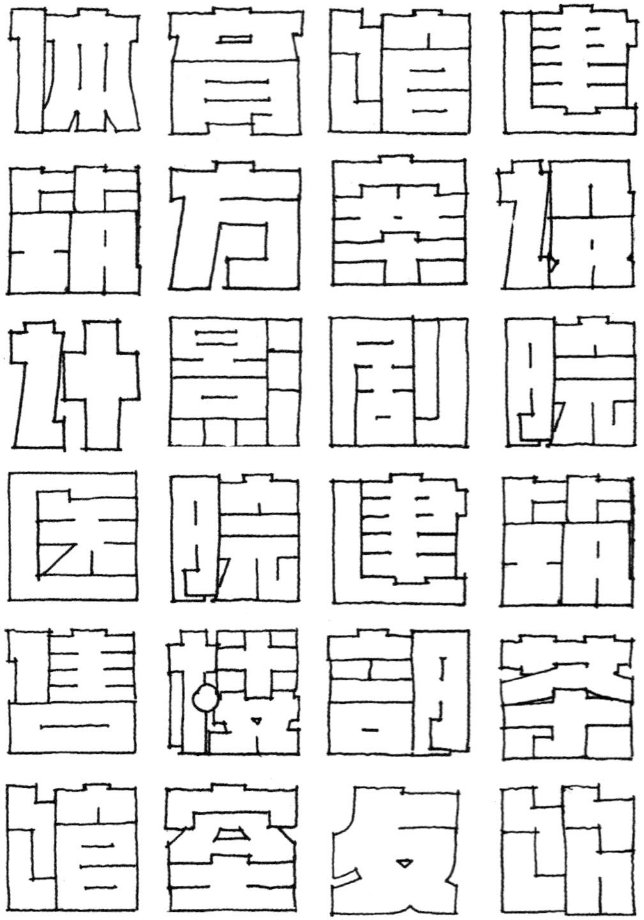

建筑设计作业常用字例—8

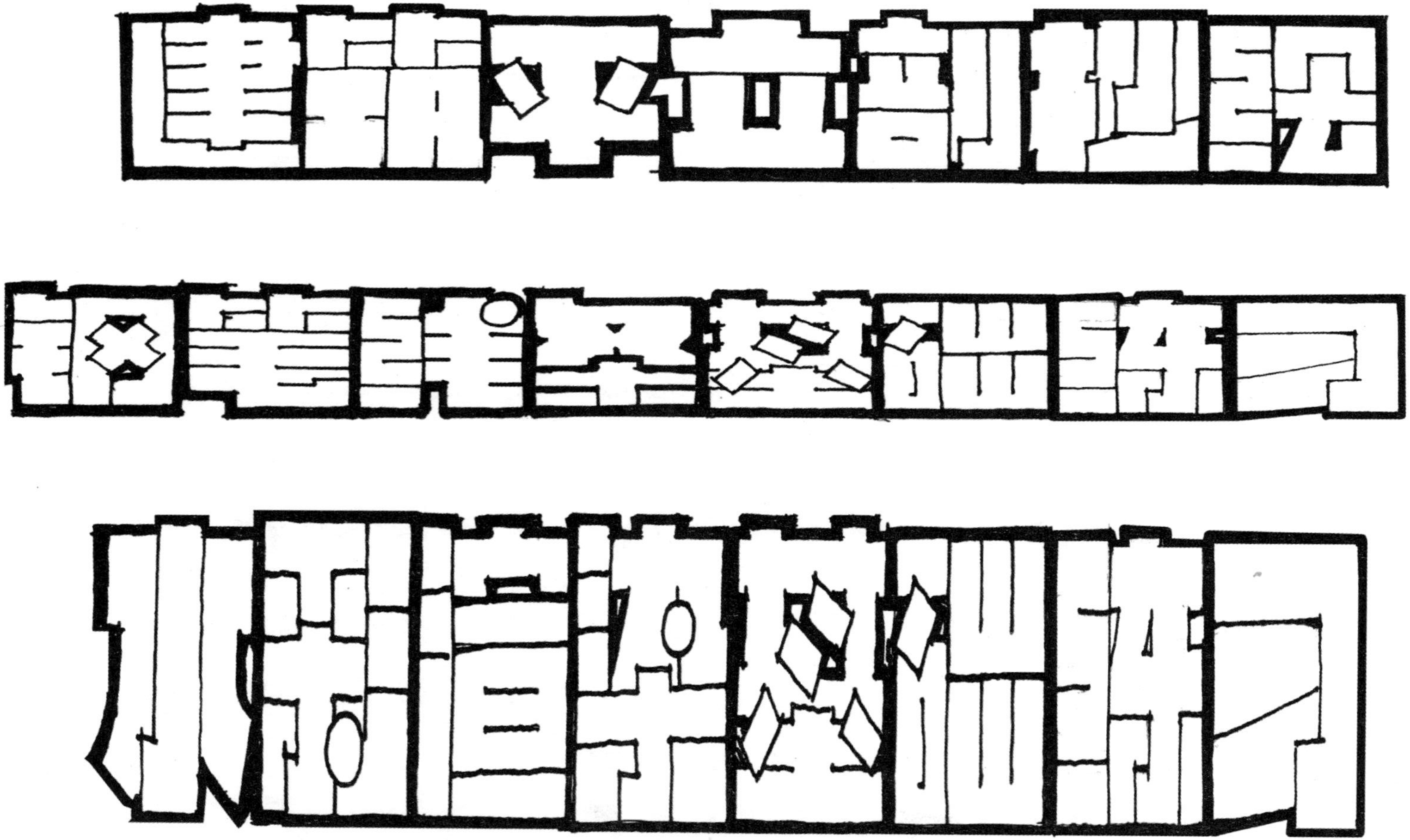

建筑“块块字”应用—1

建筑“块块字”应用—2

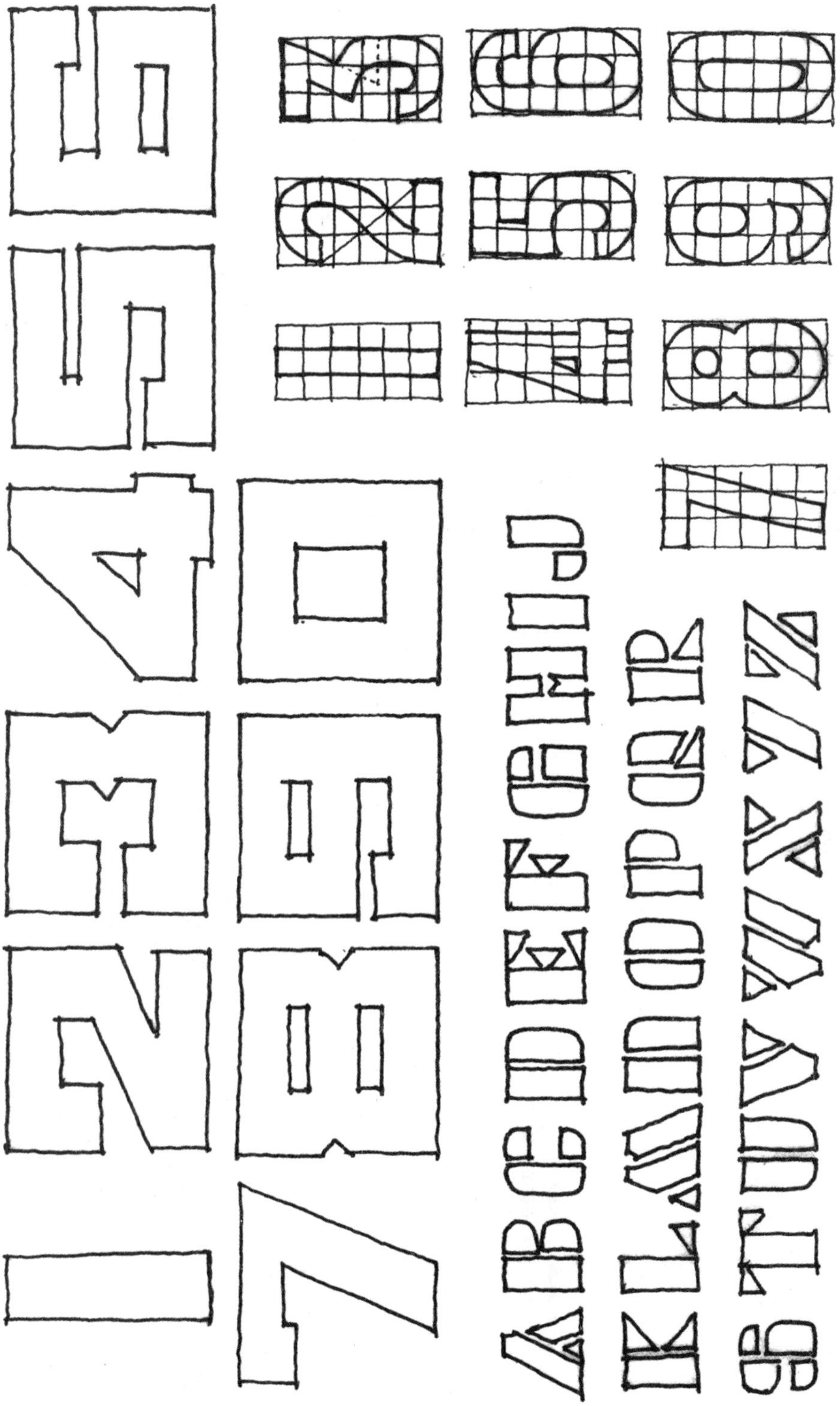

建筑数字与字母

4　建筑师的草图

数字时代的今天，电脑早已进入了千家万户和各行各业，计算机辅助设计也早已普及到各大设计院，快速电脑出图也解放出无数个劳动力。

在这样的时代背景下，我们再次强调建筑手绘和建筑师草图的应用，并非我们因陈守旧，因为，电脑还是代替不了它。正像我国著名建筑大师陈世民先生给我的赠言中所说："建筑草图远远不只是展示设计的成果，是一个构思和创作过程中不可缺少的工具，更是设计师的电脑所画不到想不到、想不到画不到的。用手稿、草图进行构思，寥寥几笔就能全方位地展现设计意图……这是电脑不能代替设计的深化过程"。

在这里，将展示出一些建筑大师的部分草图作品，通过作品的欣赏，让我们进一步看到大师们崇高的敬业精神和一丝不苟的设计作风，它将永远激励和鼓舞着我们年轻一代的建筑师以及未来的建筑师们。让建筑手绘和草图设计在建筑设计过程中进一步发扬光大。

明如大酒店（1）广西北海

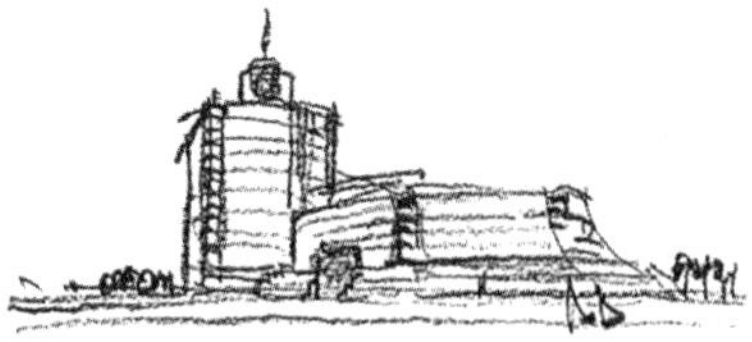

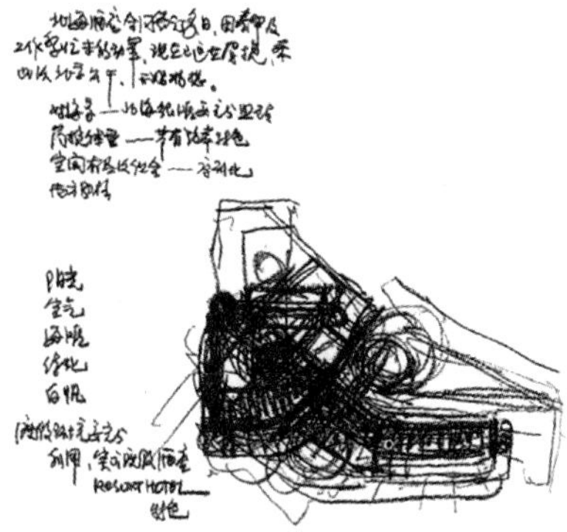

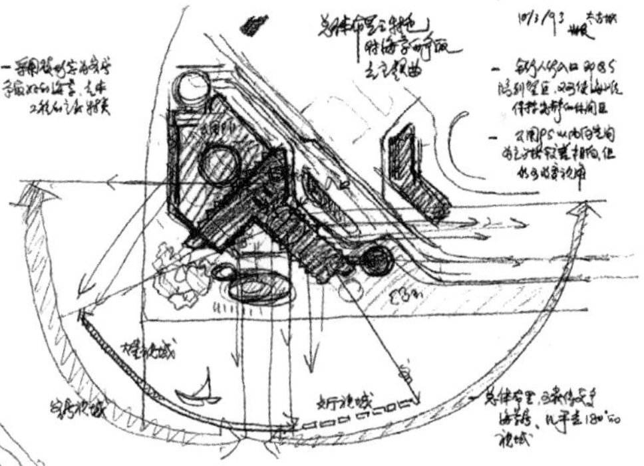

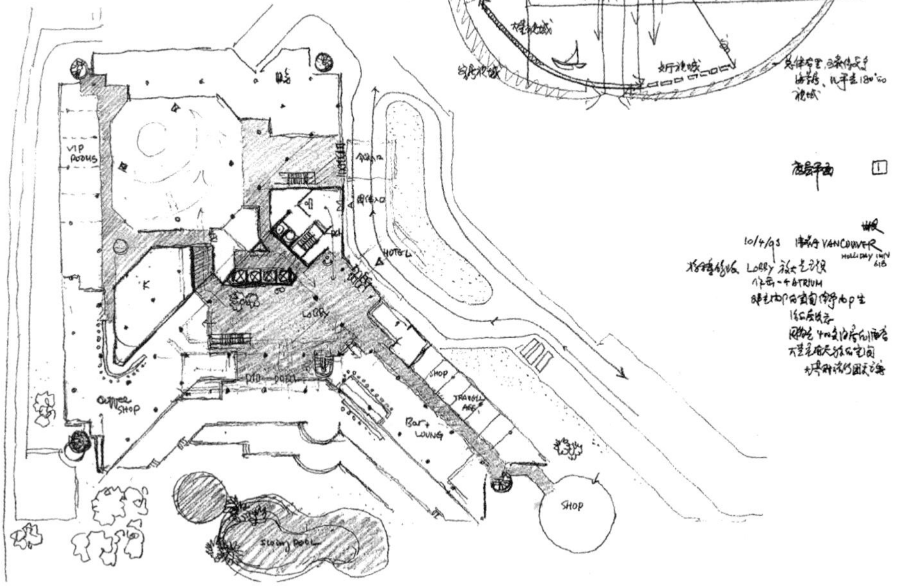

陈世民（国家级建筑大师）设计工作草图

明如大酒店（2）广西北海

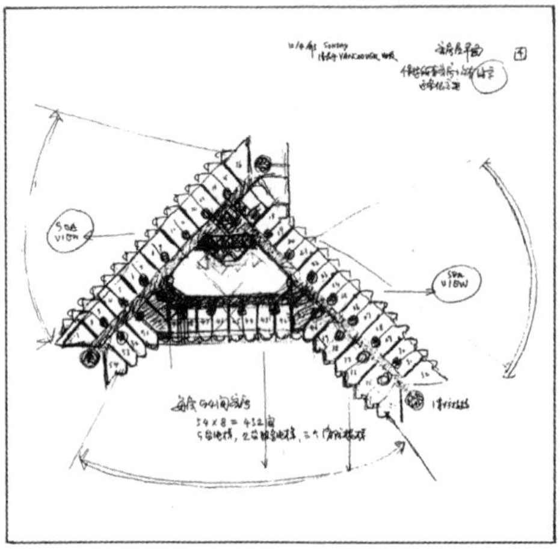

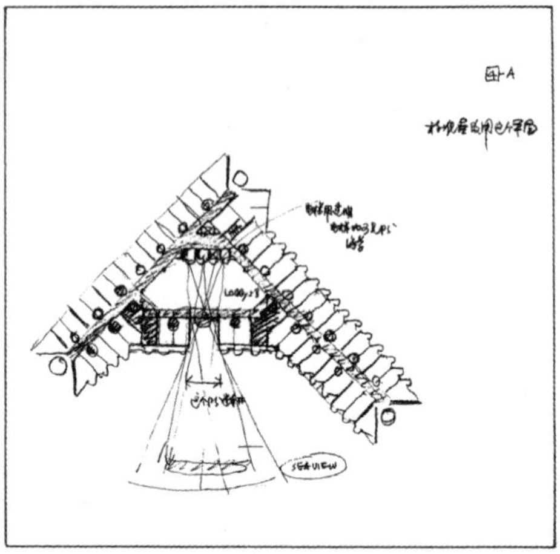

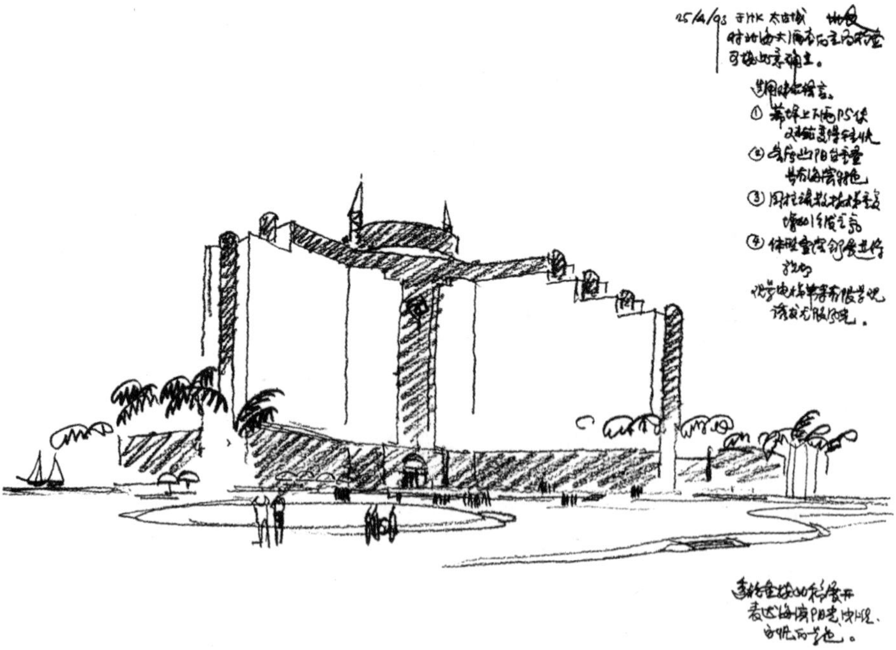

陈世民（国家级建筑大师）设计工作草图

南海酒店（1）深圳蛇口

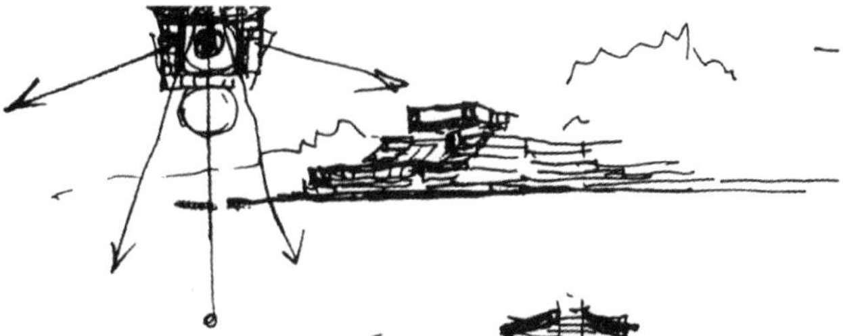

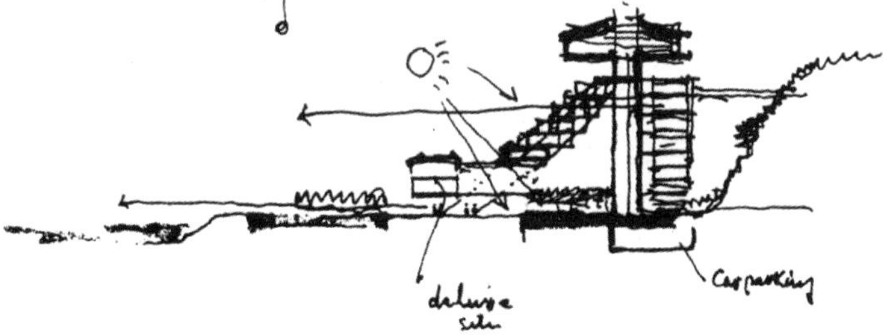

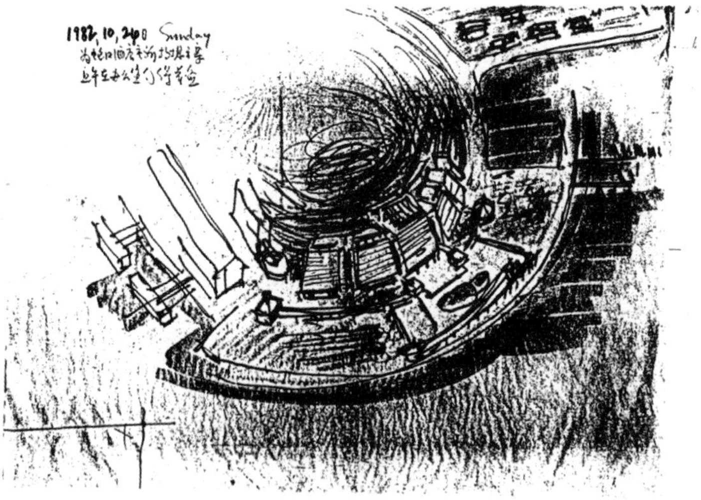

陈世民（国家级建筑大师）设计工作草图

南海酒店（2）深圳蛇口

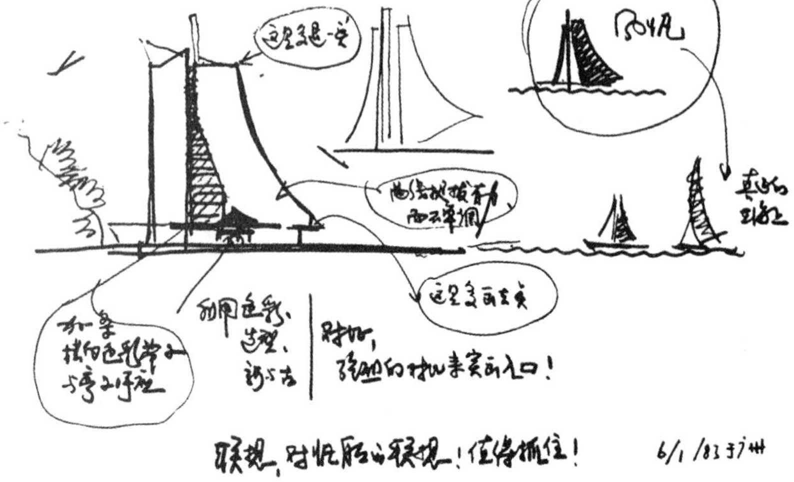

陈世民（国家级建筑大师）设计工作草图

南海酒店（3）深圳蛇口

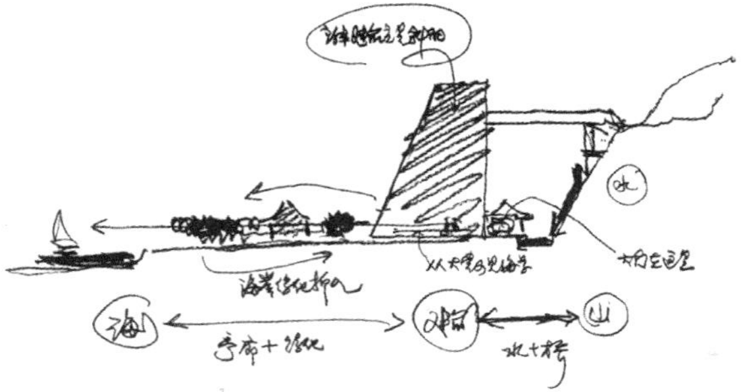

陈世民（国家级建筑大师）设计工作草图

南海酒店（4） 深圳蛇口

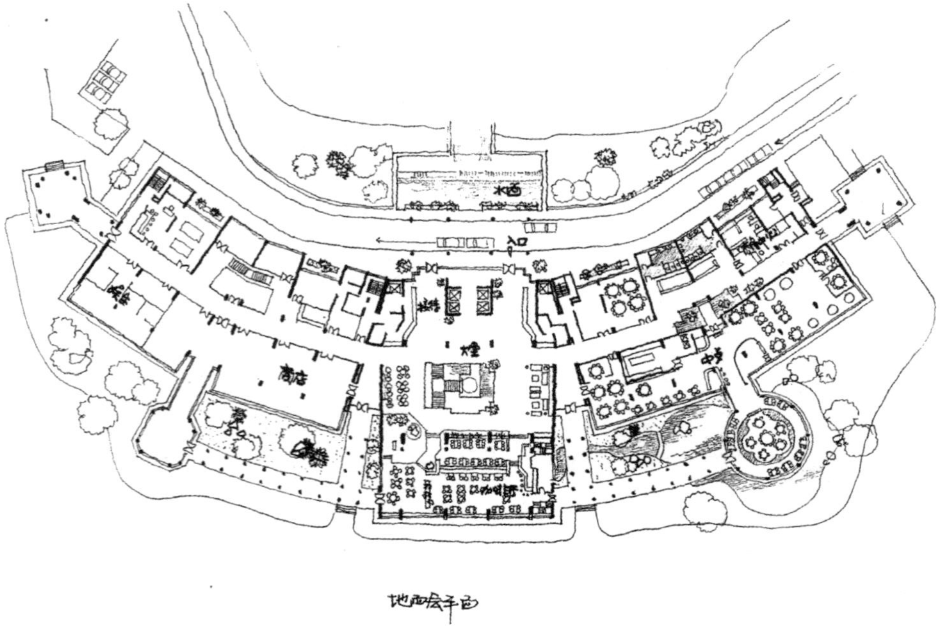

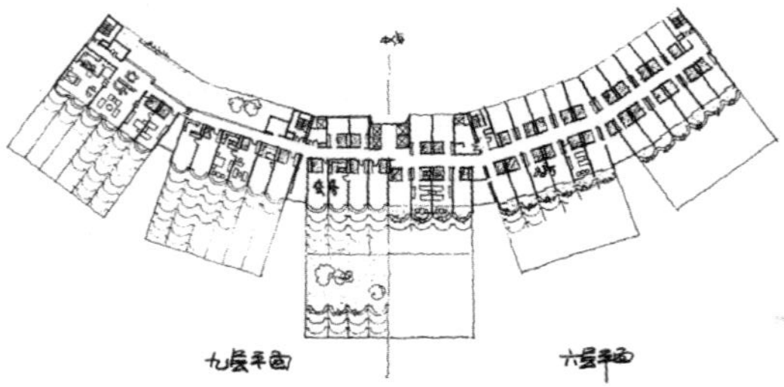

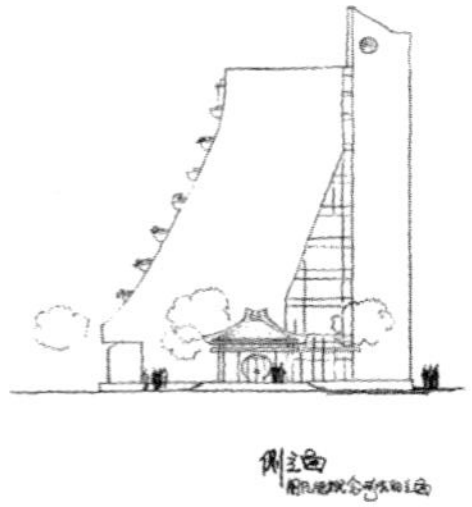

陈世民（国家级建筑大师）设计工作草图

南海酒店（5） 深圳蛇口

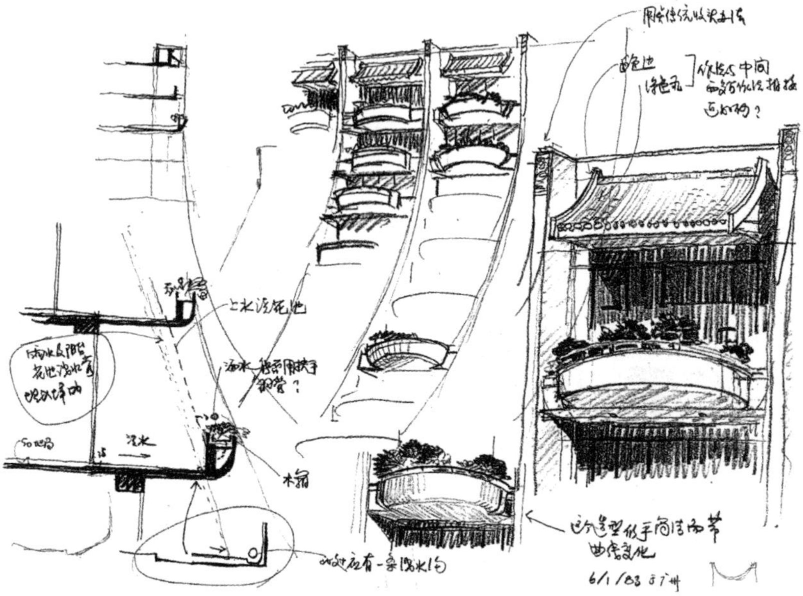

陈世民（国家级建筑大师）设计工作草图

深业大厦（1）哈尔滨

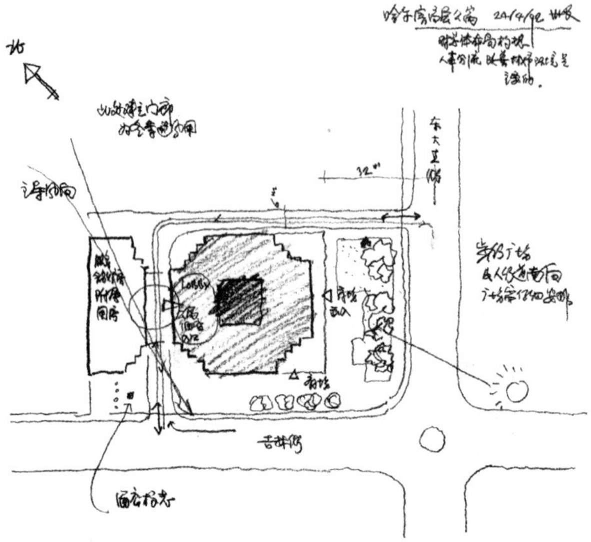

实景

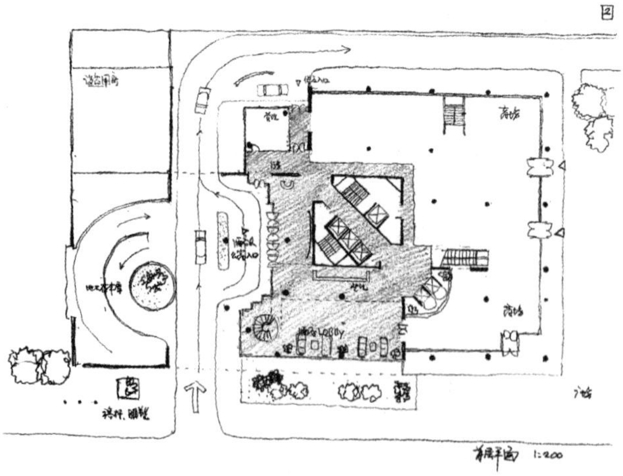

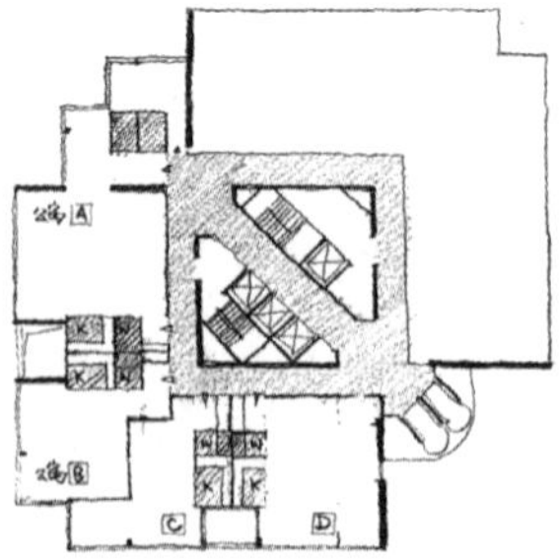

陈世民（国家级建筑大师）设计工作草图

深业大厦（2）哈尔滨

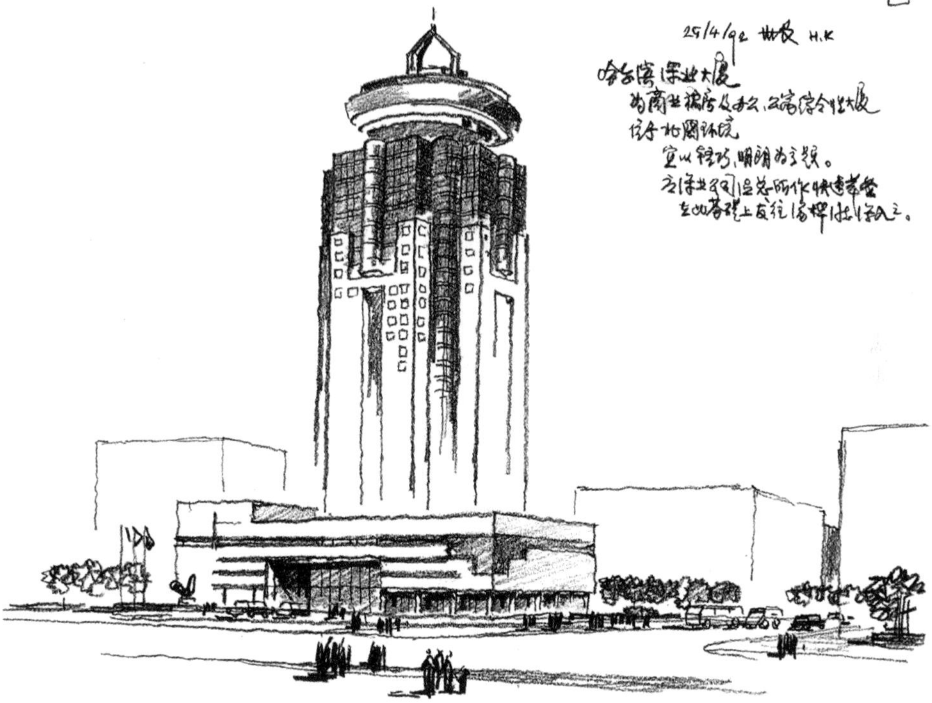

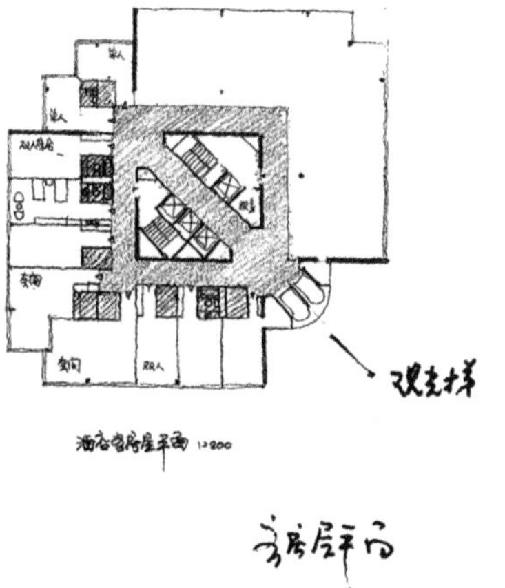

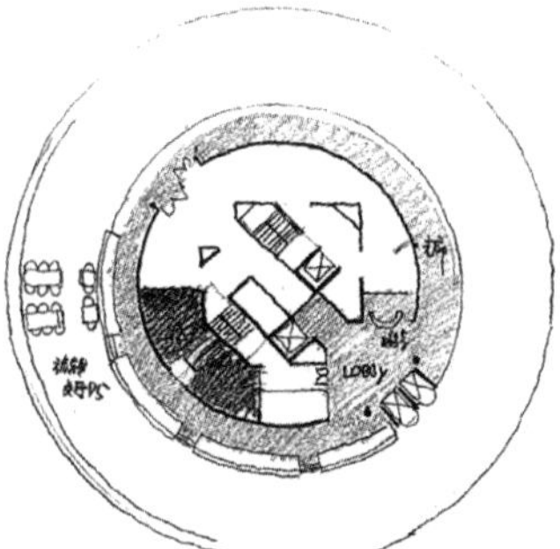

1994 年 4 月为哈尔滨深业大厦依照业主设想而构思的草图。左页为总平面及底层平面、公寓层平面，右页为客房层与旋转餐厅平面及透视图。此套草图系正式报批方案之依据。

大世界商业中心（1）大连

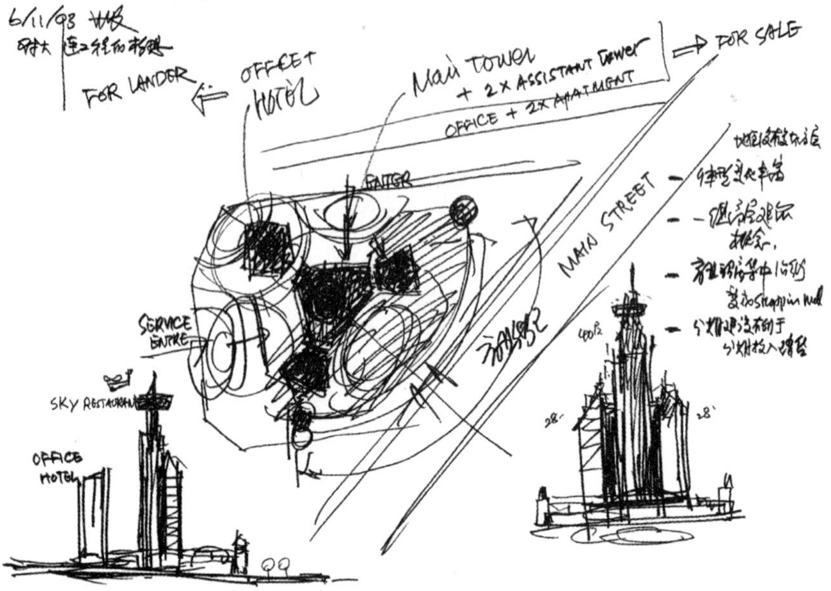

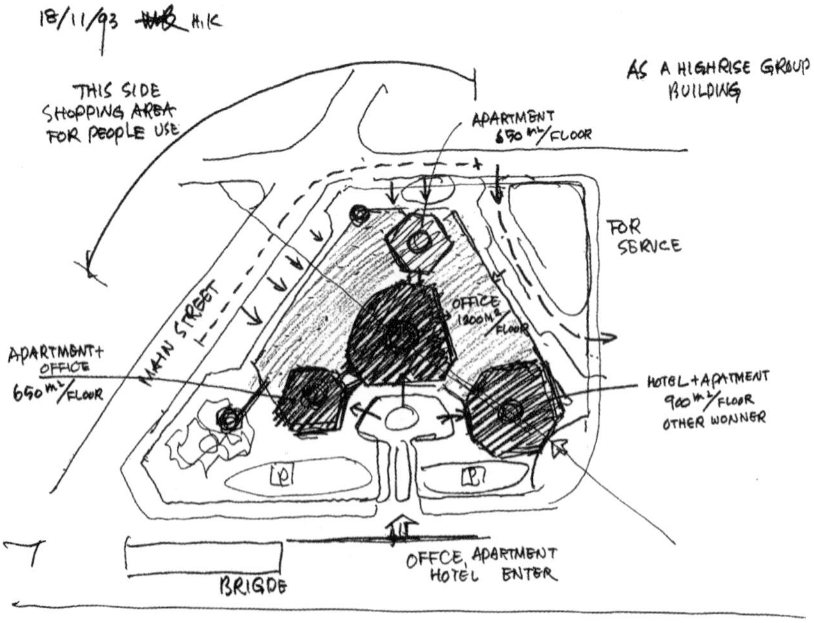

陈世民（国家级建筑大师）设计工作草图

大世界商业中心（2）大连

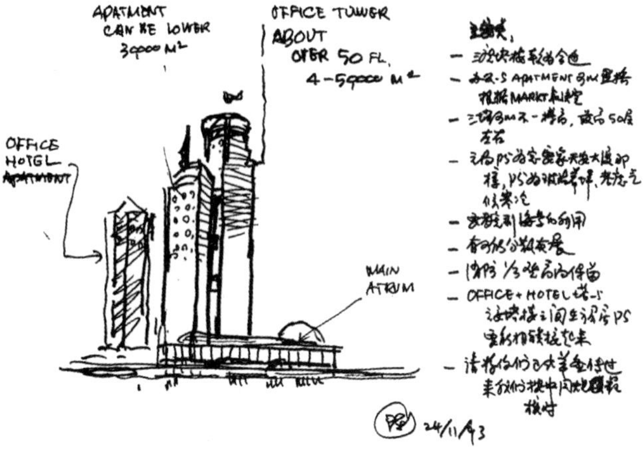

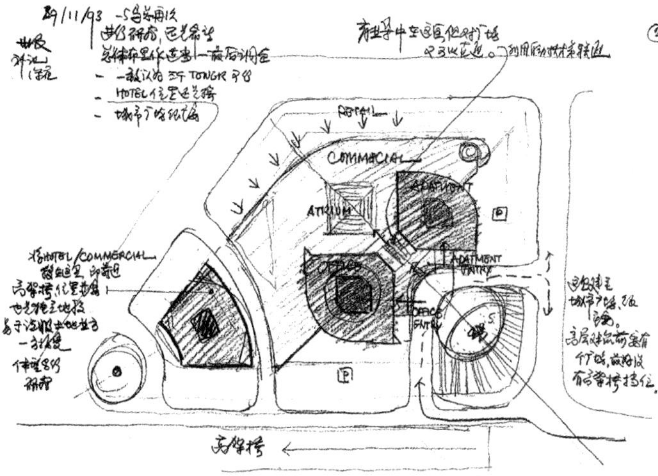

②

左上，我提出将三座塔楼分为两组的概念及主要的设计原则，右边是 1993 年 11 月 27 日澳州 P.T 公司返回的草图。左下，我最后提出的总体布置方案。整体布局结合了城市的交通和商业环境，并依照起伏的地势使各项功能部分的出入流线各得其所。右页为设计过程中部分草图，包括对裙房内部娱乐设施的空间组织、公寓塔顶细部设计及酒店顶层多功能厅的设想记录。

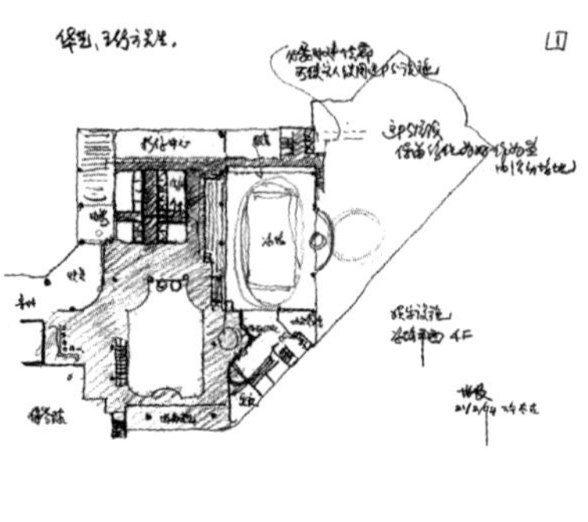

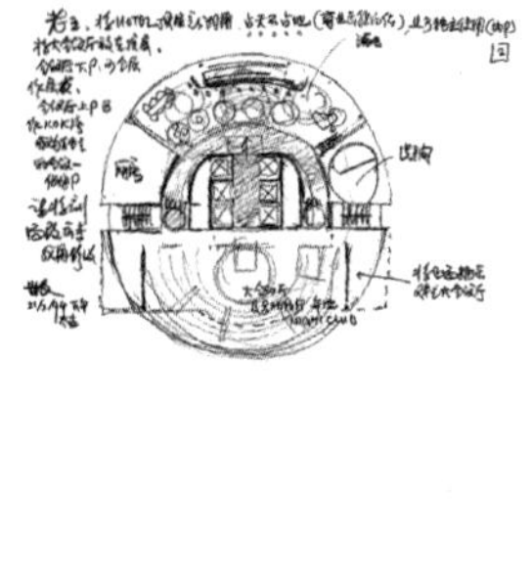

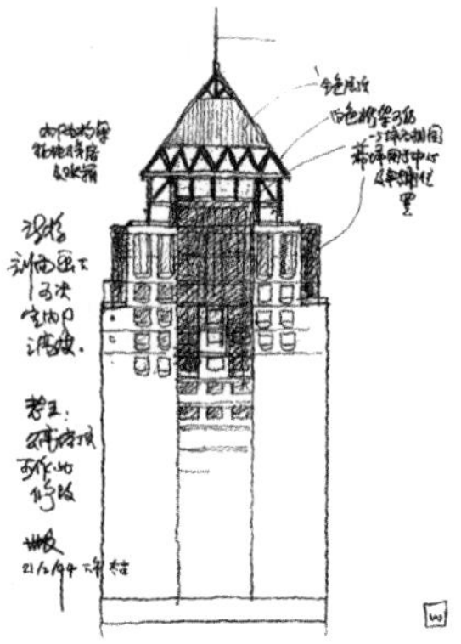

陈世民（国家级建筑大师）设计工作草图

大世界商业中心（3）大连

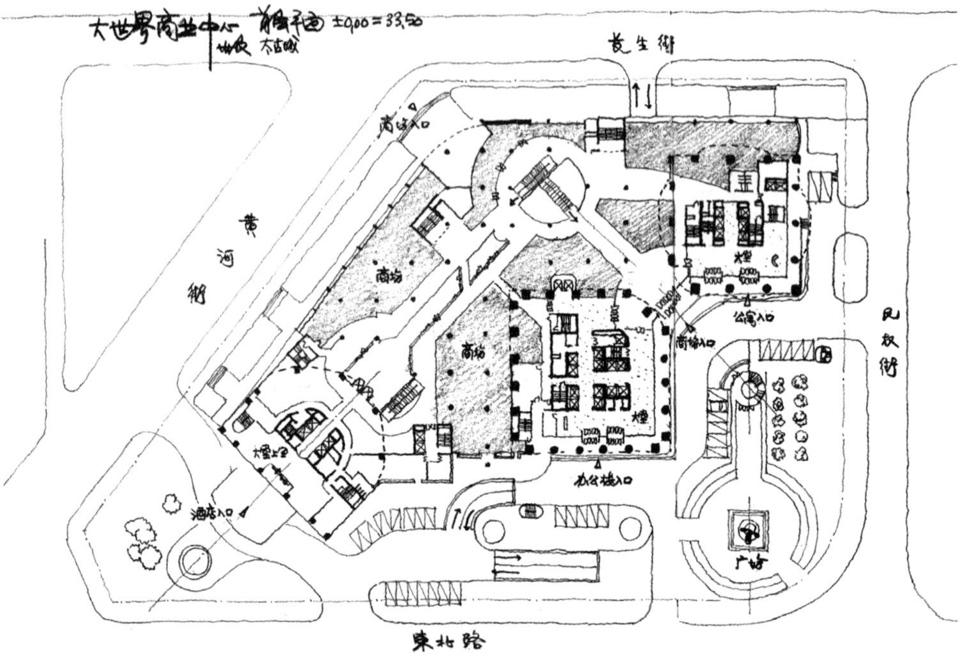

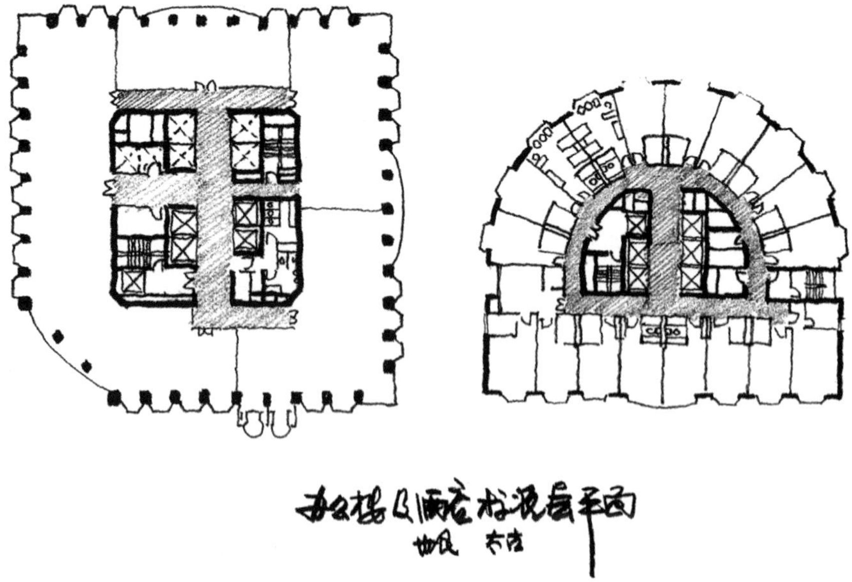

陈世民（国家级建筑大师）设计工作草图

金田大厦（1）深圳

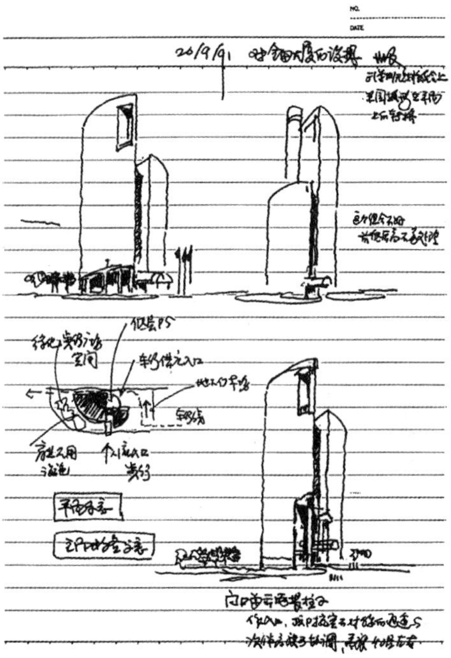

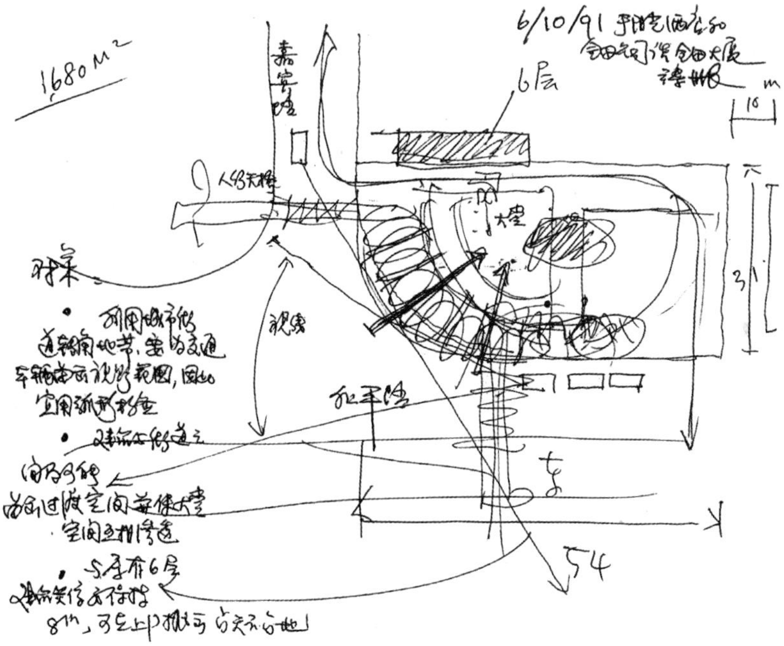

陈世民（国家级建筑大师）设计工作草图

金田大厦（2）深圳

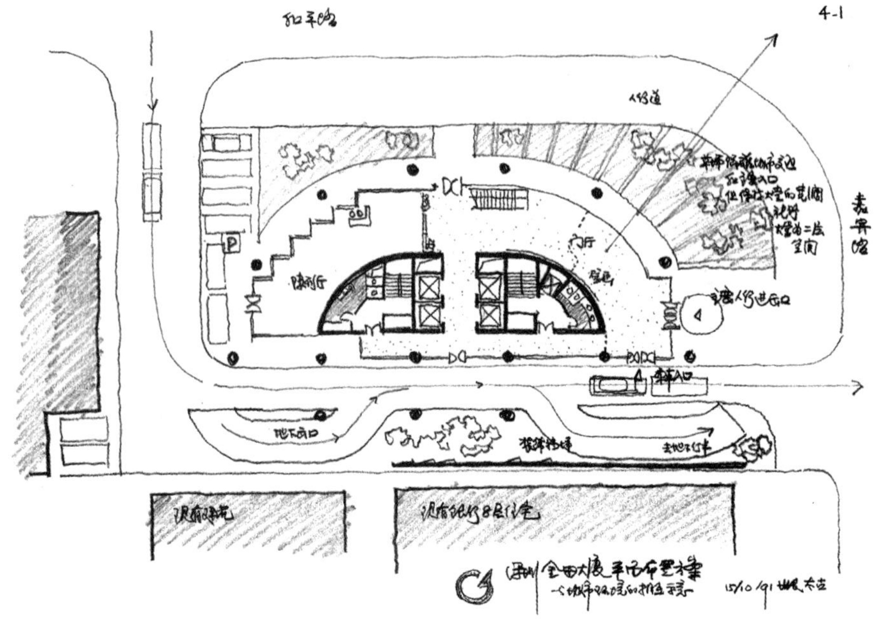

首层平面

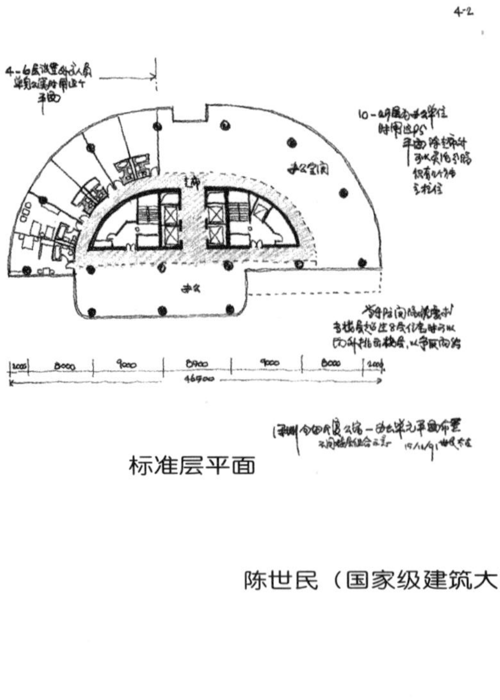

标准层平面

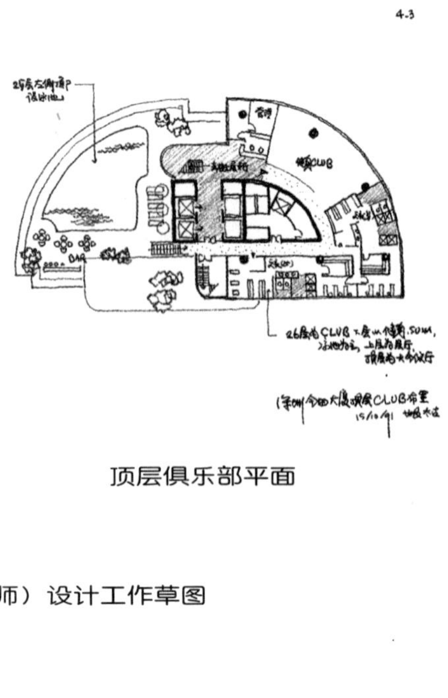

顶层俱乐部平面

陈世民（国家级建筑大师）设计工作草图

金田大厦（3）深圳

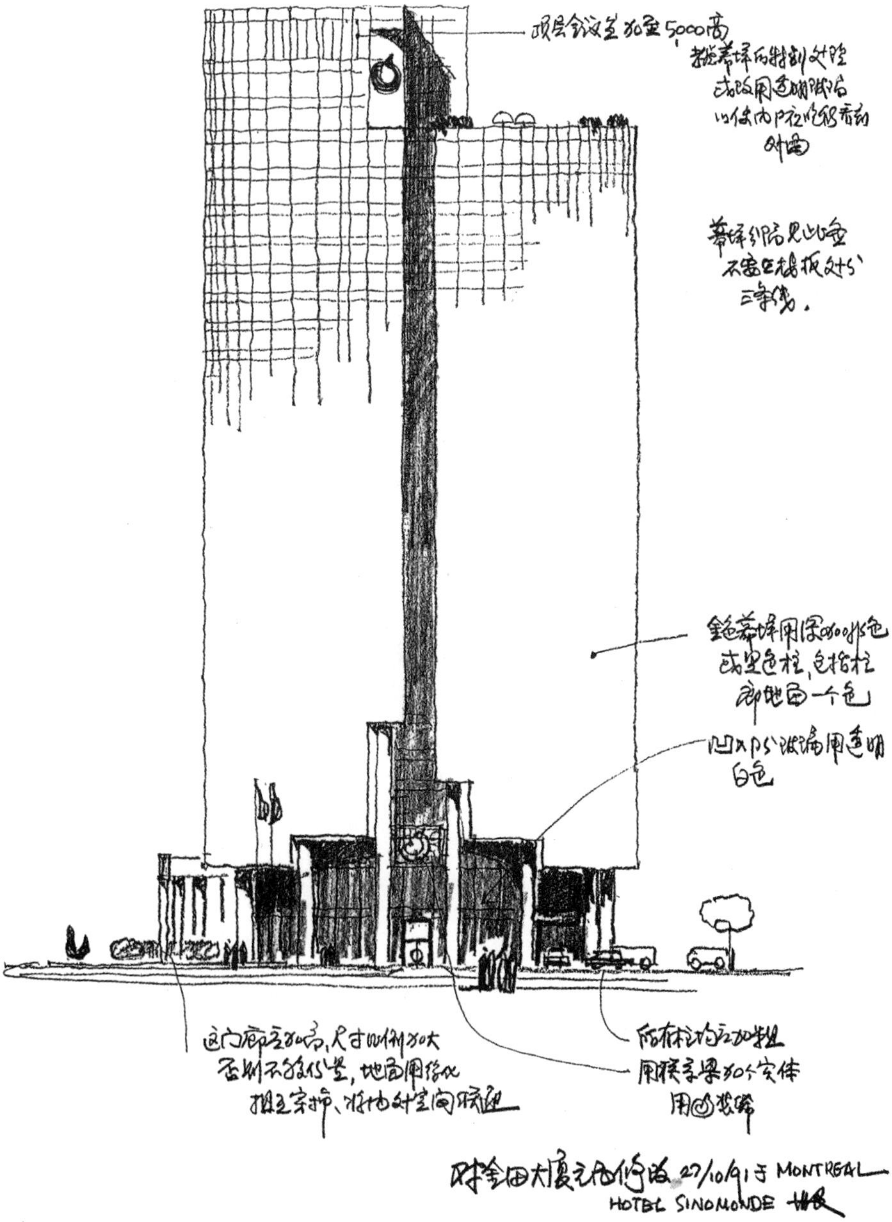

陈世民（国家级建筑大师）设计工作草图

杭州铁路客运站

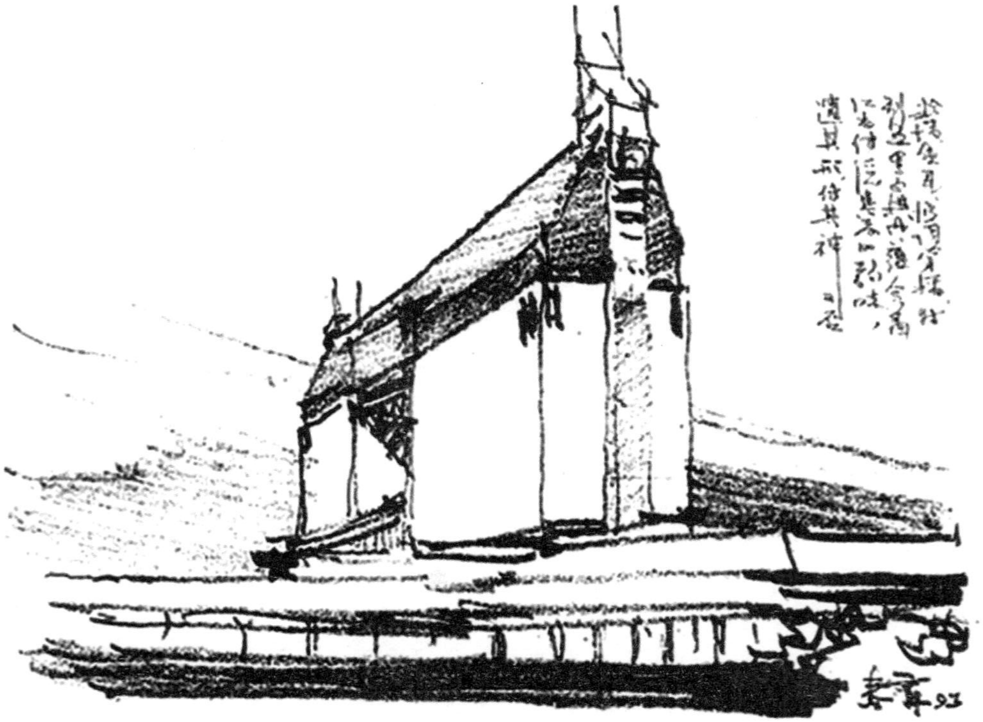

程泰宁（国家级建筑大师、中国工程院院士）设计工作草图

杭州黄龙饭店

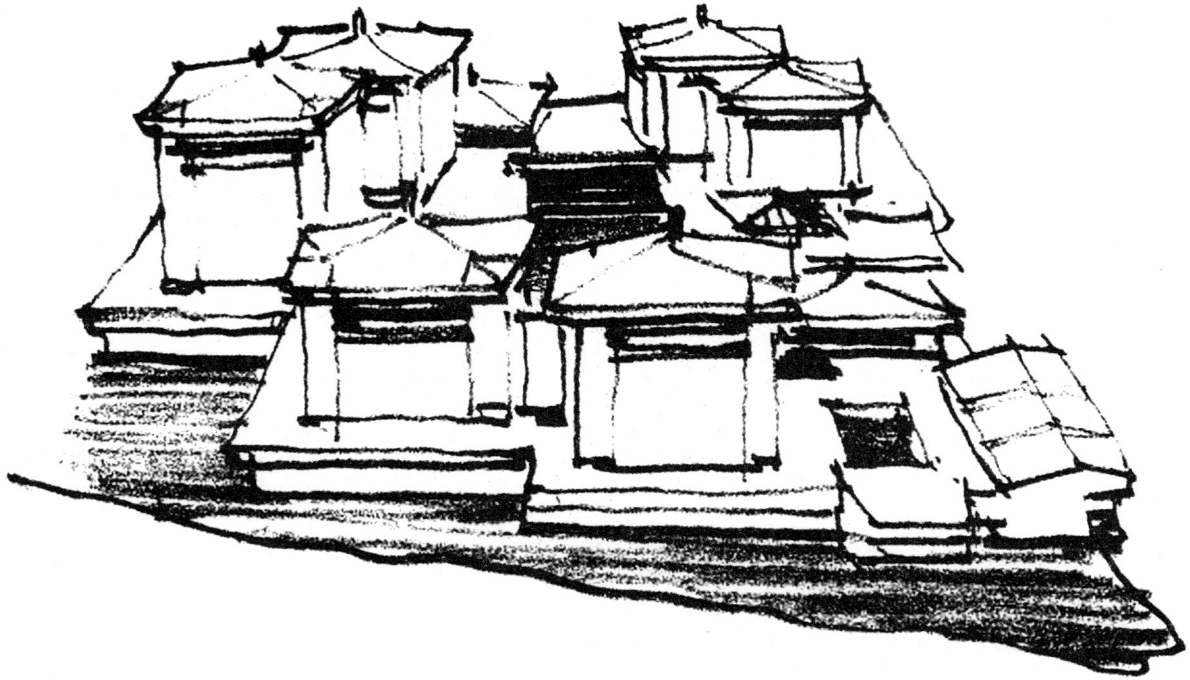

程泰宁（国家级建筑大师、中国工程院院士）设计工作草图

加纳国家大剧院

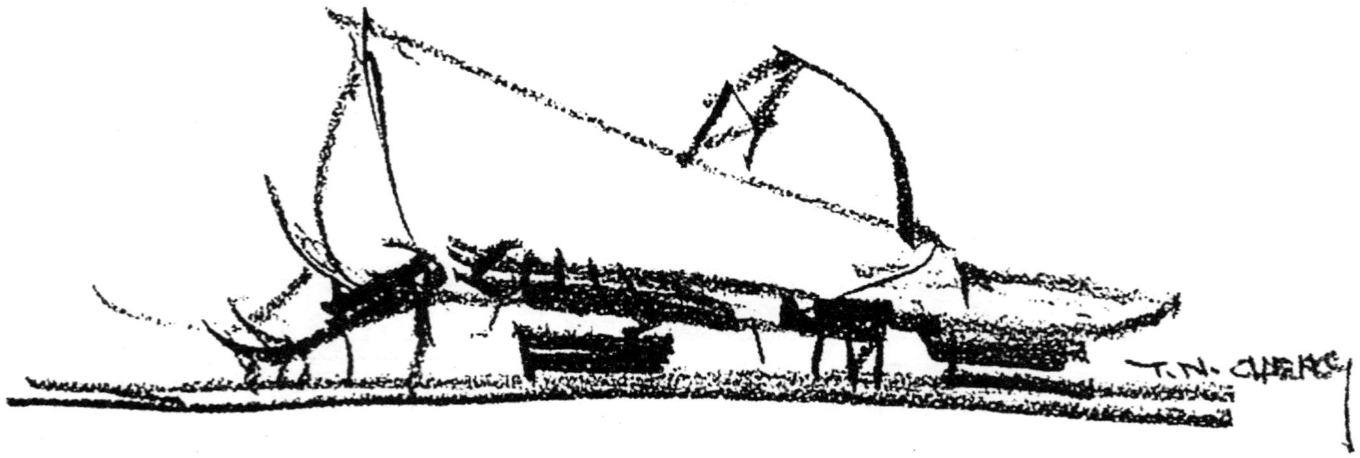

程泰宁（国家级建筑大师、中国工程院院士）设计工作草图

重庆美术馆

程泰宁（国家级建筑大师、中国工程院院士）设计工作草图

浙江美术馆 杭州

程泰宁（国家级建筑大师、中国工程院院士）设计工作草图

杭州解百商城

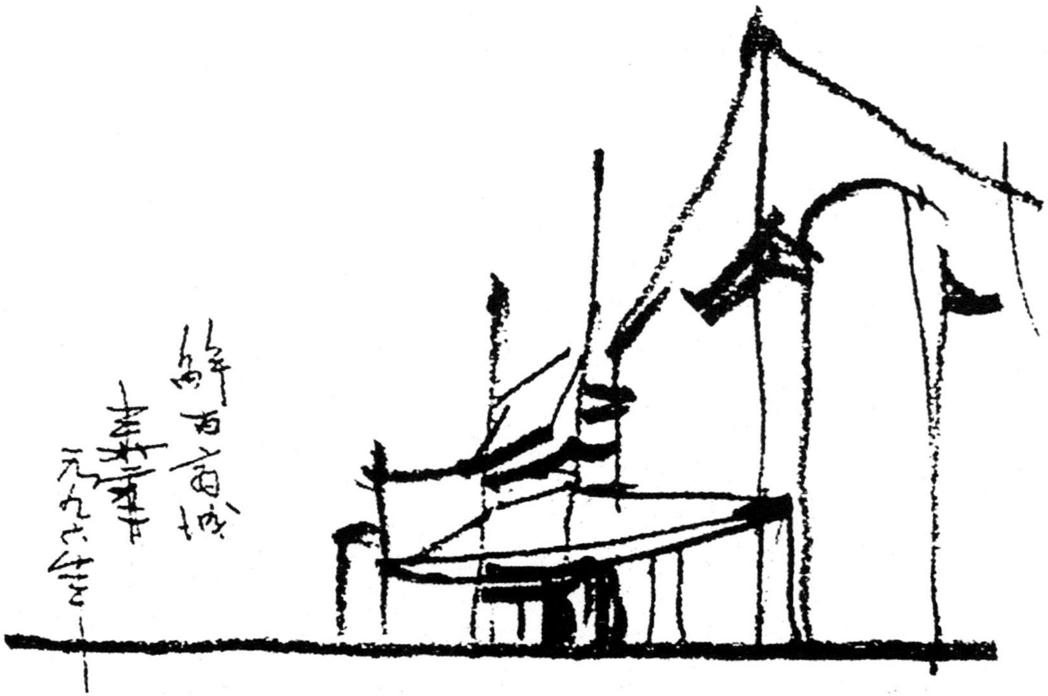

程泰宁（国家级建筑大师、中国工程院院士）设计工作草图

欧洲同乡会综合办公楼（1）舟山

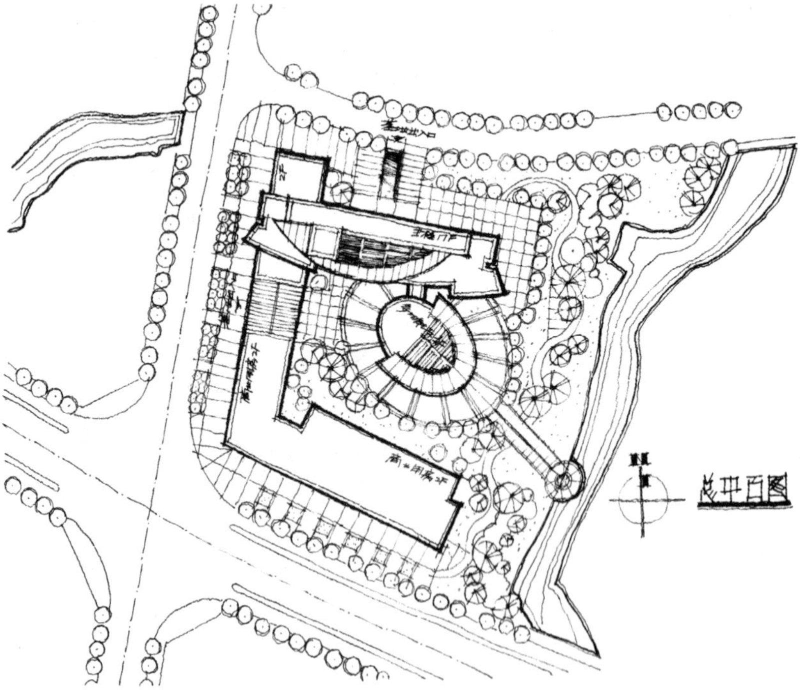

庄程宇（高级建筑师）建筑设计工作草图

欧洲同乡会综合办公楼（2）舟山

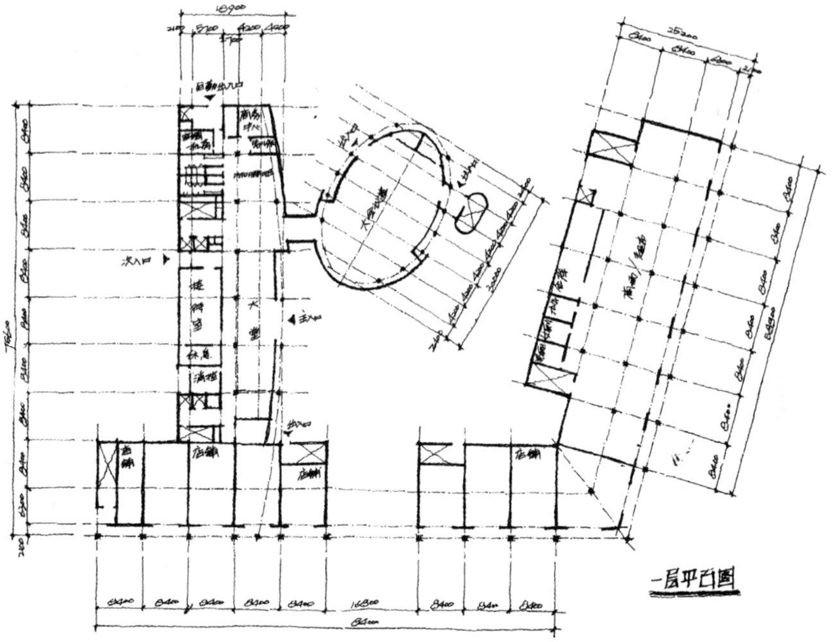

一层平面图

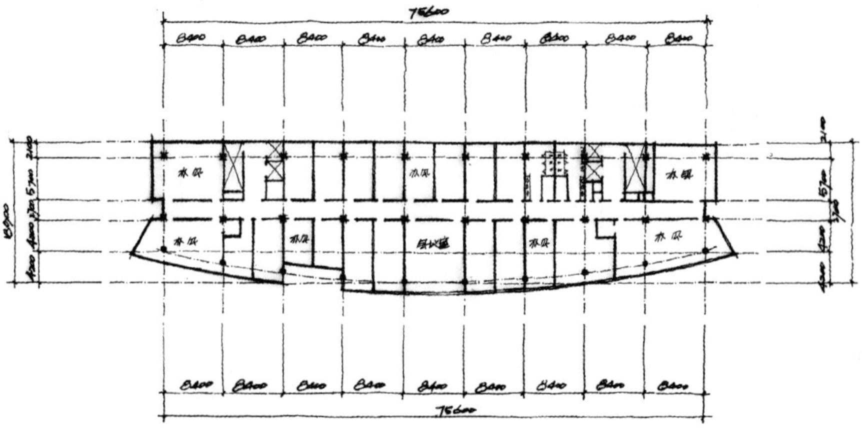

办公/客房层平面图

阳西月亮湾售楼处方案设计

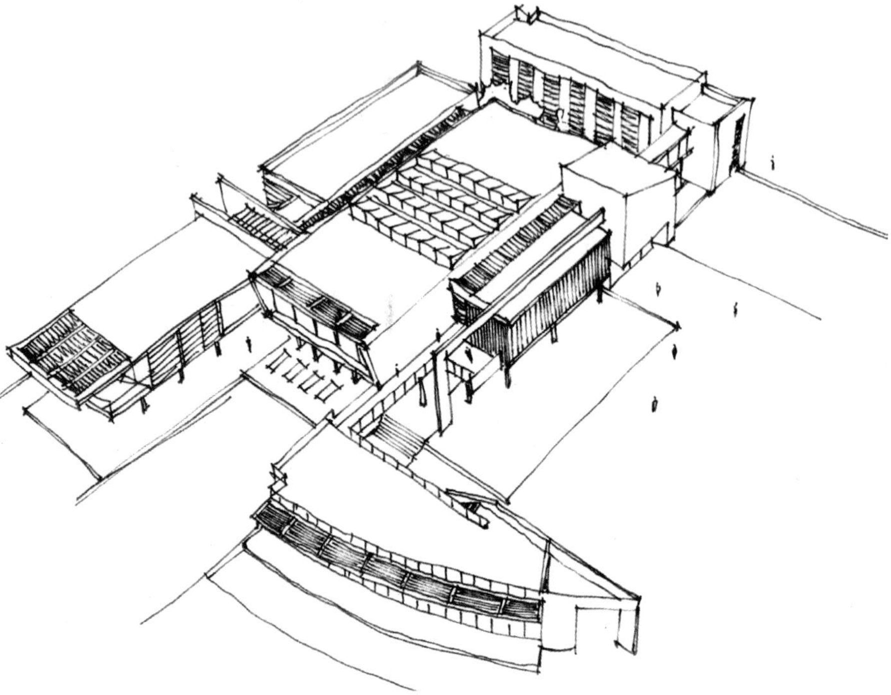

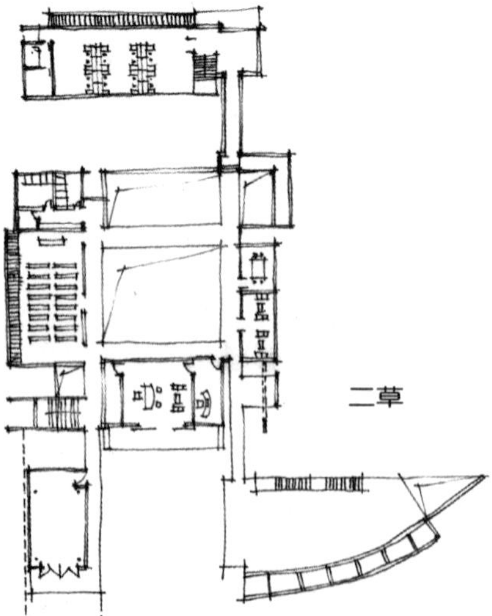

二草

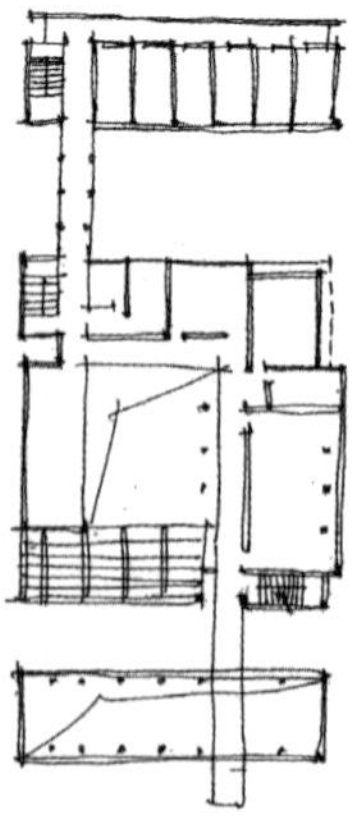

一草

崔艳　阳西月亮湾售楼处设计草图

吉安六合建筑群方案设计

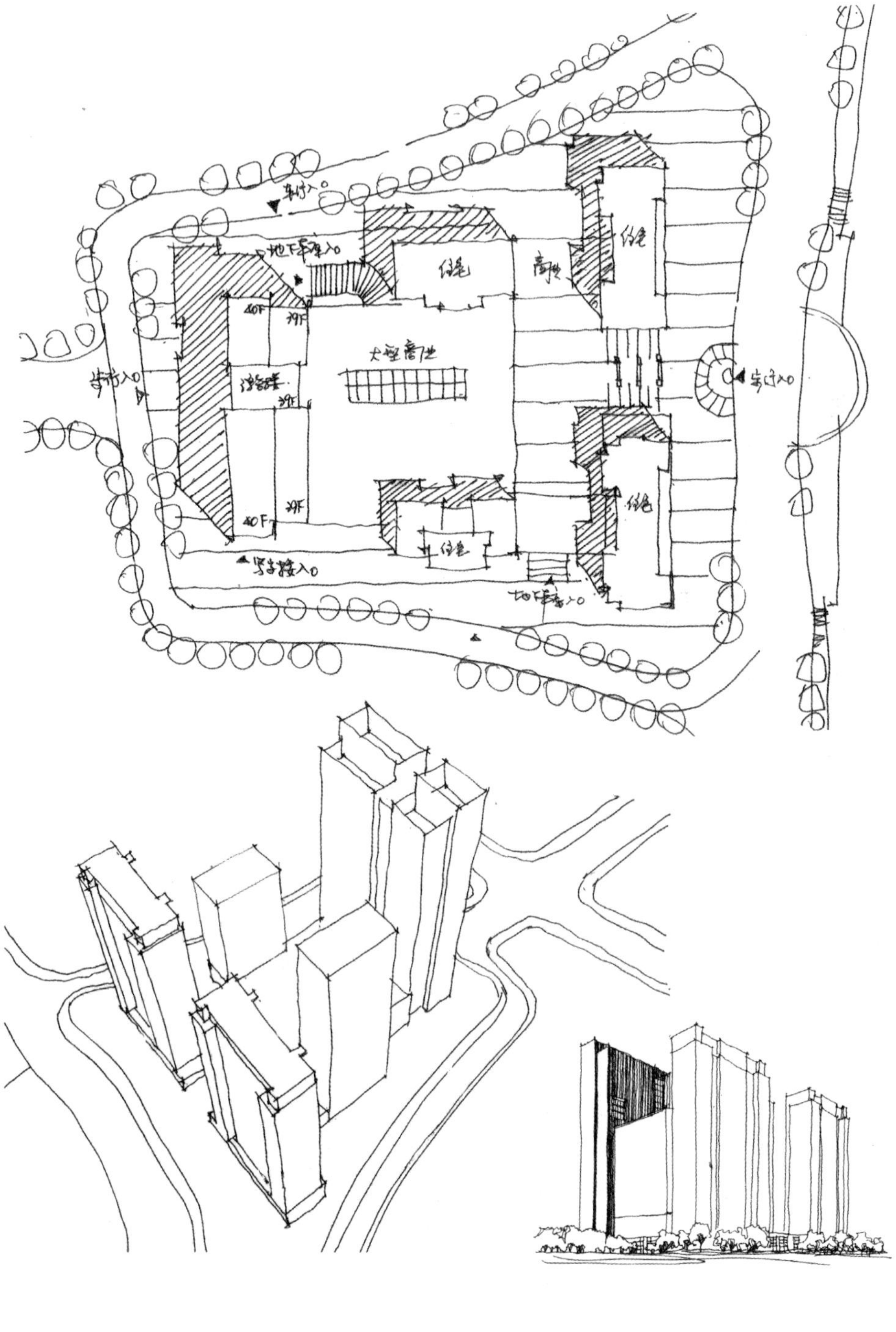

崔艳　吉安六合建筑群设计草图

湘江大厦（1）海南

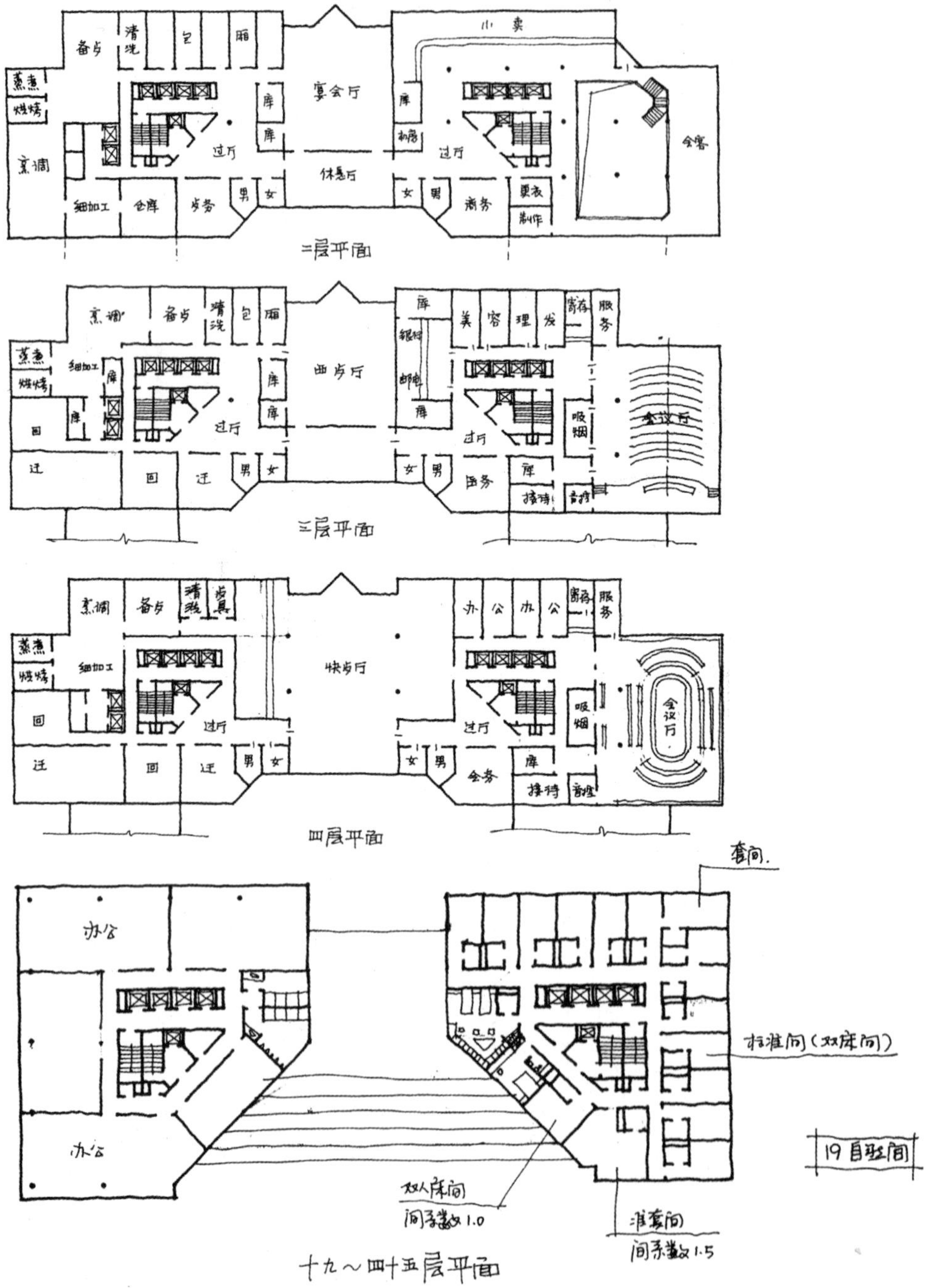

夏一兵（高级建筑师）湘江大厦设计草图

湘江大厦（2）海南

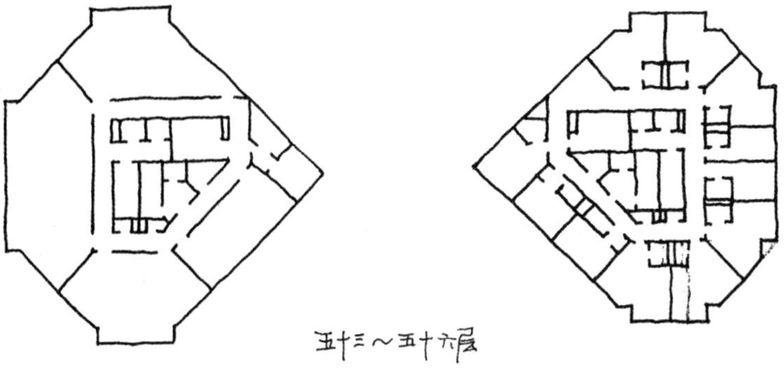

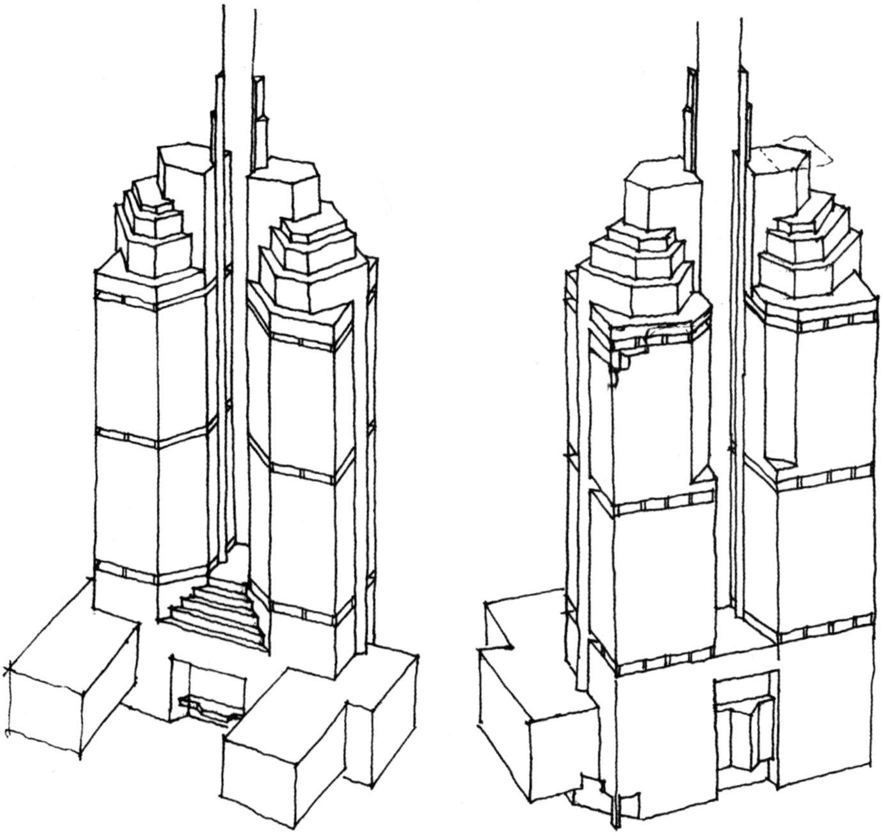

夏一兵（高级建筑师）湘江大厦设计草图

瓶窑长途客运站

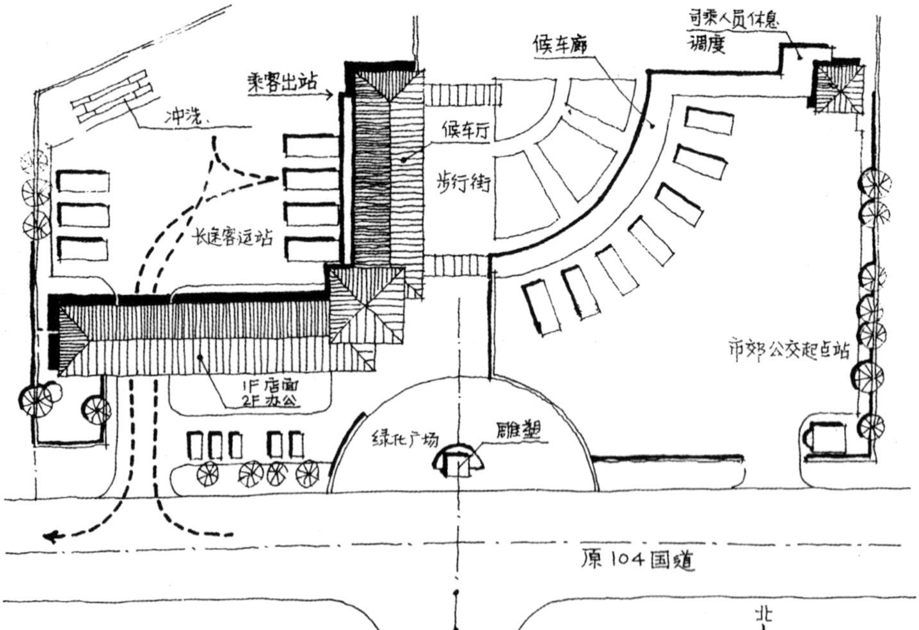

夏一兵（高级建筑师）瓶窑长途客运站设计草图

苏州南园宾馆改造规划

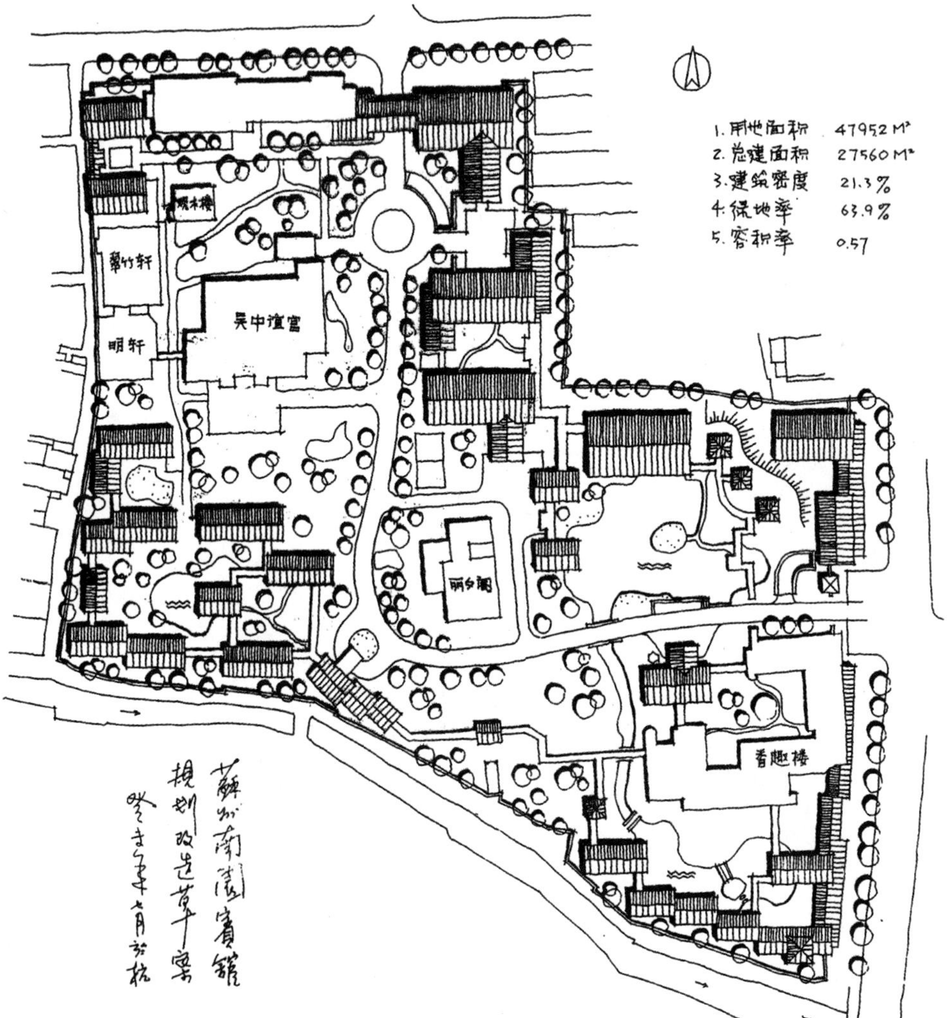

夏一兵（高级建筑师）苏州南园宾馆改造设计草图

湖南永州市老车站路方案设计

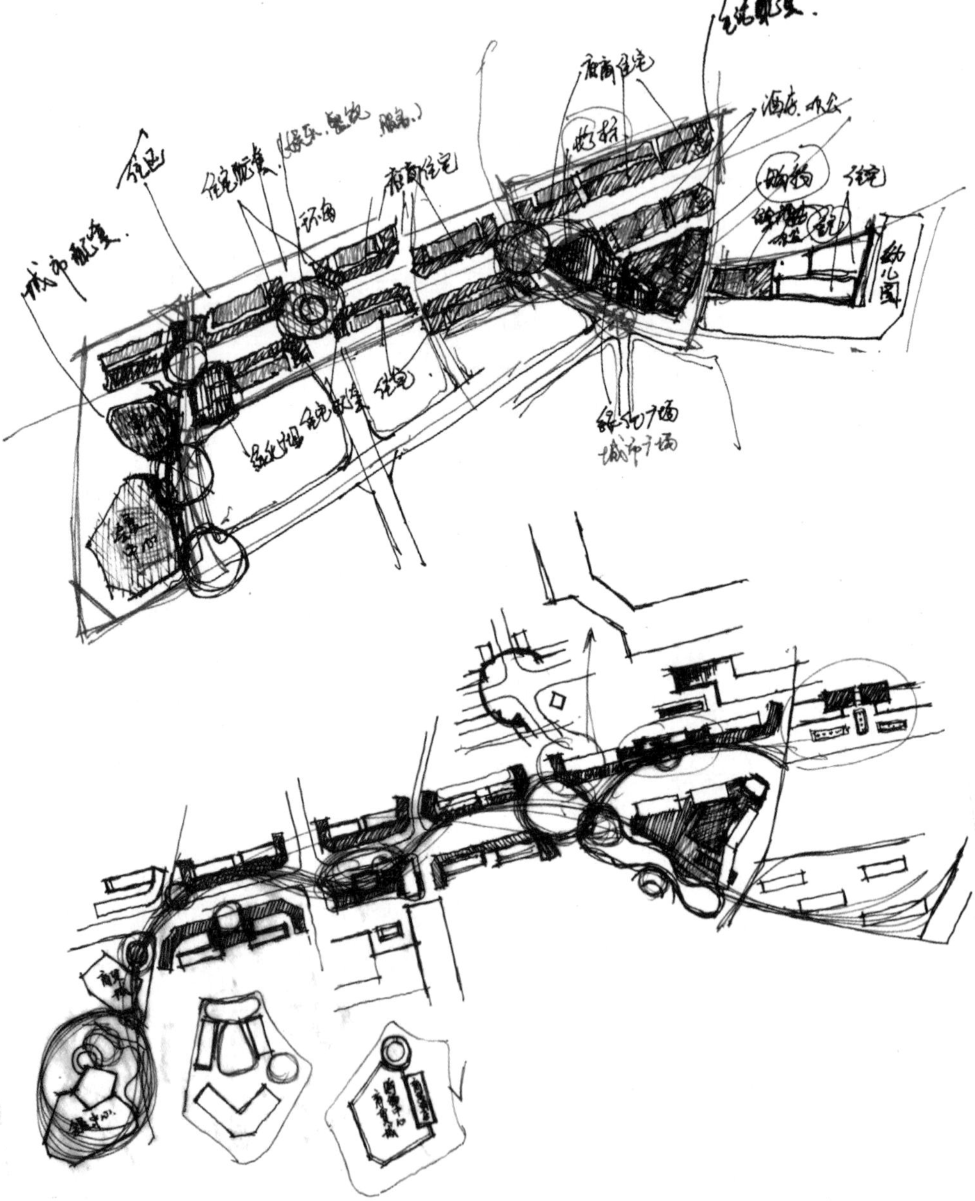

费凡　概念性规划方案设计草图

余姚环卫综合办公楼（1）宁波

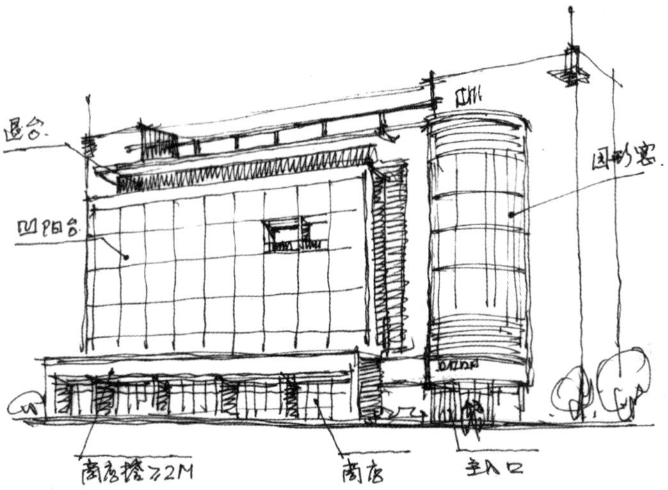

上：初期的构思草图

下：二草透视图

李延龄　余姚环卫综合办公楼设计草图

余姚环卫综合办公楼（2） 宁波

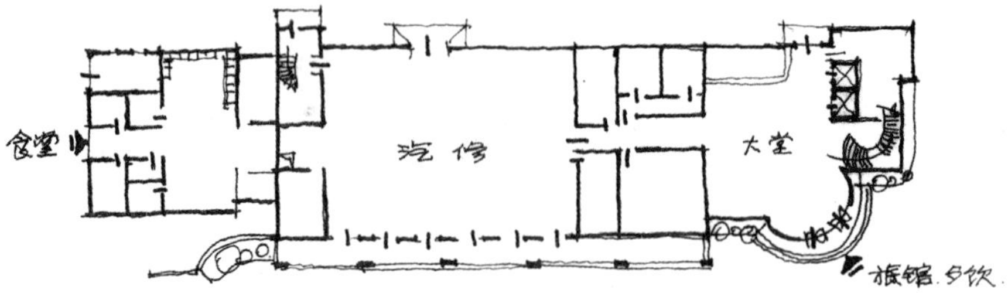

首层平面

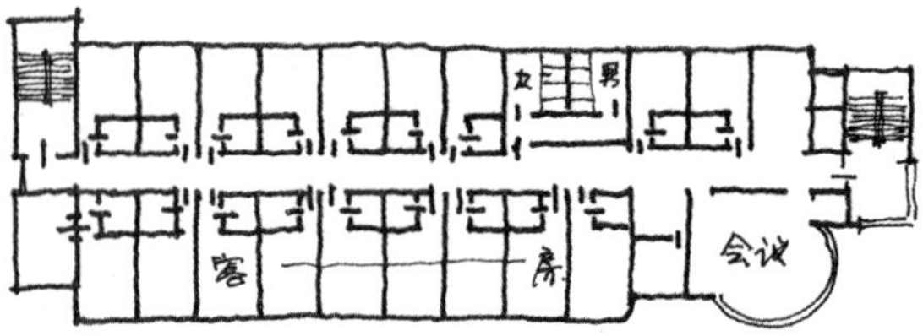

标准层平面

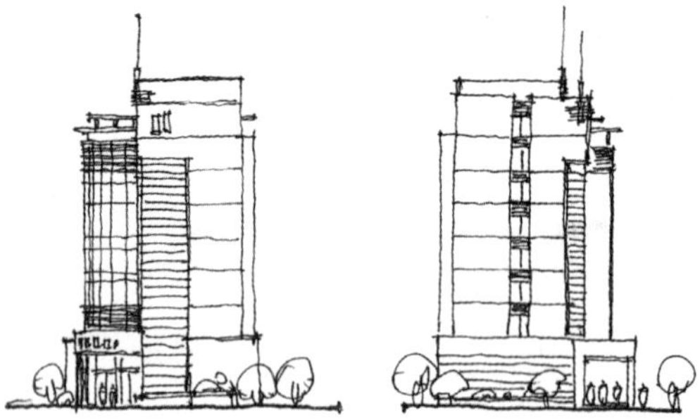
东、西立面

沿街主立面

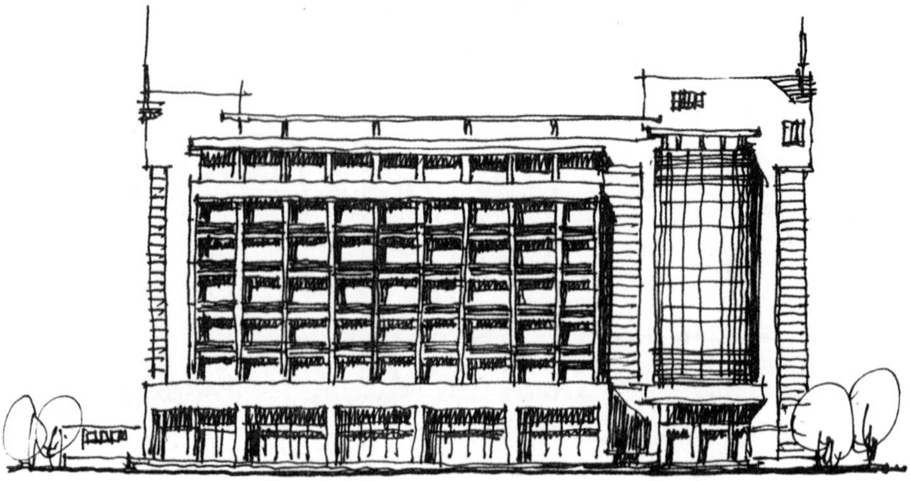

李延龄　余姚环卫综合办公楼设计草图